化工建设施工新技术

（2024）

中国化工建设企业协会　组织编写

中国建筑工业出版社

图书在版编目（CIP）数据

化工建设施工新技术. 2024 / 中国化工建设企业协
会组织编写. —北京：中国建筑工业出版社，2024.4
ISBN 978-7-112-29820-4

Ⅰ.①化⋯ Ⅱ.①中⋯ Ⅲ.①化学工业—建筑施工—
中国—2024 Ⅳ.① TU745.7

中国国家版本馆CIP数据核字（2024）第087656号

责任编辑：徐仲莉　张　磊
责任校对：赵　力

化工建设施工新技术（2024）
中国化工建设企业协会　组织编写

＊

中国建筑工业出版社出版、发行（北京海淀三里河路9号）
各地新华书店、建筑书店经销
北京点击世代文化传媒有限公司制版
北京圣夫亚美印刷有限公司印刷
＊

开本：787毫米×1092毫米　1/16　印张：8¼　字数：168千字
2024年7月第一版　2024年7月第一次印刷
定价：**68.00**元
ISBN 978-7-112-29820-4
（42932）

编 委 会

主编单位：

中国化工建设企业协会

参编单位：

中国化学工程集团有限公司	山西省安装集团股份有限公司
中化二建集团有限公司	陕西化建工程有限责任公司
中国化学工程第三建设有限公司	中国化学工程重型机械化有限公司
中国化学工程第四建设有限公司	化学工业第一勘察设计院有限公司
中国化学工程第六建设有限公司	中化学土木工程有限公司
中国化学工程第七建设有限公司	中国化学工程第九建设有限公司
中国化学工程第十一建设有限公司	山西华晋岩土工程勘察有限公司
中国化学工程第十三建设有限公司	广东省石油化工建设集团公司
中国化学工程第十四建设有限公司	中化岩土集团股份有限公司
中国化学工程第十六建设有限公司	上海华谊建设有限公司
中国天辰工程有限公司	惠生工程（中国）有限公司
赛鼎工程有限公司	海洋石油工程股份有限公司
东华科技股份有限公司	中建安装集团有限公司石化工程公司
中国五环工程有限公司	中石油吉林化工工程有限公司
华陆工程科技有限责任公司	陕西西宇无损检测有限公司
中国成达工程有限公司	中国核工业第五建设有限公司
中油吉林化建工程有限公司	湖南化工地质工程勘察院有限责任公司
南京南化建设有限公司	兴润建设集团有限公司
中石化工建设有限公司	

前　言

　　化工建设是工程建设的重要组成部分，同时其具有鲜明的特点，高温高压、有毒有害、易燃易爆的高危属性给化工建设提出了更高的要求。中国化工建设企业协会组织编写了《化工建设施工新技术（2024）》，旨在归集整理化工建设领域具有化工建设行业特点、较为成熟、较新且具有前瞻性的施工技术，并在行业内推广应用，进而推动化工建设行业高质量发展。

　　化学工业作为流程化工业带来的工程项目的整体性和系统性，其有害介质和极限工况带来的高危性，以及化学产品和工艺技术的多样性带来每个项目的独特性甚至唯一性，是化工项目三个鲜明的特点，这些特点给化工建设施工提出了特殊要求，也使化工建设在工程实践中关注的质量重点及其所使用的诸多施工技术和方法有别于其他工程建设。

　　多年来，化工建设行业通过不断的创新和实践，逐渐形成了化工建设施工技术的一些独特优势，在工程建设领域产生积极影响。为持续推进化工建设施工技术进步和创新，《化工建设施工新技术（2024）》一书，对具有化工建设行业特点、目前正在使用的新技术进行归集整理、分类研究，并在此基础上做出系统的概括和描述，内容涵盖化工建设项目施工全过程。这将有利于新技术在行业内普及推广应用；有利于标准化、立标杆，发挥引领作用；有利于分类研究，深入探讨，不断创新；也有利于对化工项目质量的追踪评价和比较。

　　首版《化工建设施工新技术（2024）》的编写是在中国化工建设企业协会的领导下，汇聚行业内近百名专家，历时一年多的时间，完成了 15 个大项、128 个小项技术的分类整理。同时，本次《化工建设施工新技术（2024）》的编写工作，得到了广大会员单位的大力支持，是行业内广大工程技术人员智慧的结晶。现编写工作已圆满完成，正式出版发行，并在行业内推广。

　　鉴于本书编写人员众多，编写时间有限，难免有疏漏和不足之处，恳请读者批评指正。

中国化工建设企业协会
2024 年 3 月

目 录

1 地基与基础

1.1 直排式真空预压施工技术

直排式真空预压施工技术是在真空预压过程中采用塑料排水带与水平排水管网，通过绑扎或专用接头方式连接作为水平排水通道，进而提高排水效率的一种技术。

1.1.1 技术要点

（1）采用直排式真空预压法处理软土地基时，塑料排水带宜为正方形布置，塑料排水带布置完成后布设水平排水管网。

（2）新吹填的软土以粉细砂或砂质粉土作为工作垫层时，可采用包裹滤膜的 $\phi63mm$ 软式波纹透水软管作为水平滤管，滤管纵向间距宜为 30~40m，横向间距为塑料排水板间距。两侧塑料排水带绕过滤管后进行绑扎，并将绑扎好的排水带与滤管埋设在工作垫层中，埋设深度应不小于 15cm。

（3）如无需工作垫层，主管宜采用规格为 TS50（$\phi50mm$）的 PVC 钢丝软管，间距 25m；支管宜采用规格为 TS25（$\phi25mm$）的 PVC 钢丝软管，支管与塑料排水带之间采用塑管连接器直接连接。

（4）排水管网间通过 L 形接头、二通、三通、四通连接，铺设时可根据现场实际情况对间距和位置做适当调整，但应保证排水通畅。

（5）采用直排式真空预压法时，密封膜下宜增铺一层 $150g/m^2$ 编织布，防止密封膜被尖锐硬物刺破影响抽真空效果。

（6）其他工序施工方法与普通真空预压法相同。

（7）技术指标

1）采用直排式真空预压法时，塑料排水带外露长度应不小于塑料排水带间距的 1/2；

2）排水管网中支管布设间距应等于 2 倍塑料排水带间距；

3）预压期间，膜下真空压力应稳定在 85kPa 以上。

1.1.2 适用范围

适用于中、粗砂资源短缺地区真空预压法软土地基处理。

1.2 高能级强夯施工技术

高能级强夯是指主夯击能在 10000kN·m 以上的强夯。该技术是通过高、中、低能级的合理配置，在主点夯、辅助点夯、满夯时分别采用不同能级，依次对深层、中层、浅层地基土进行加固，地基有效加固深度在 10m 以上，具有施工简便、造价低、绿色环保等优点。

1.2.1 技术要点

（1）施工地面平整度和强度应满足强夯施工设备安全行走的要求。地下水位高，影响施工或夯实效果时，应采取降排水措施；场地表层土体湿软，影响施工或夯实效果时，应采取换填等措施。

（2）每遍夯击之间，宜有一定的时间间隔，间隔时间取决于土中超静孔隙水压力的消散时间。对于渗透性较差的黏性土地基，间隔时间不应少于 2～3 周，对于渗透性好的地基可连续夯击。

（3）夯点位置可根据基础底面形状布置，第一遍夯点间距可取夯锤直径的 2.5～3.5 倍，第二遍夯点应位于第一遍夯击点之间，以后各遍夯点间距可适当减小。处理深度较深或单击夯击能较大时，第一遍夯点间距宜适当增大。

（4）夯击遍数应根据地基土的性质确定，一般点夯 2～4 遍。渗透性较差的细颗粒土，应适当增加夯击遍数，最后以低能级满夯 1～2 遍。

（5）处理范围应大于建筑物基础范围，每边超出基础外缘的宽度宜为基底下设计处理深度的 1/2～2/3，且不应小于 3m，并应符合相关标准的规定。

（6）夯锤底面形式宜采用圆形，锤底面积宜按土的性质确定，锤底静接地压力值宜为 40～150kPa。

（7）技术指标

1）最后两击的平均夯沉量不大于 25cm，且夯坑周围不应发生过大隆起；

2）夯锤落距允许偏差 ±300mm；

3）夯锤质量允许偏差 ±100kg；

4）夯点间距允许偏差 ±500mm。

1.2.2 适用范围

适用于处理深度 10m 以上的碎石土、砂土、粉土、黏性土、湿陷性黄土、素填土和杂填土等非饱和土地基。

1.3 预成孔深层夯实施工技术

预成孔深层夯实施工技术是指在地基土中预先成孔，直接穿透软弱土层，然后在孔内由下而上逐层回填逐层夯击，对地基土产生挤密、冲击与振动夯实等多重效果，提高地基土的密实度与强度，进而使地基土得到有效加固的一种深厚软弱土地基处理技术。

1.3.1 技术要点

（1）成孔深度根据软弱土层深度确定，应穿透软弱土层。成孔深度范围内存在砂土、淤泥（质）土等易塌孔的土层时，应采取以下护壁措施：设计成桩直径宜为600～1500mm，成孔直径一般取设计成桩直径的 2/3～4/5。孔内填料的分层厚度应与设计夯击能相适应，分层厚度宜为 1.0～4.0m，设计夯击能宜为 1000～4000kN·m；处理深度范围内存在地下水时，应考虑夯击能量损失，适当增加夯击能。

（2）成孔后分层进行填料与夯击，夯锤直径一般为设计孔径的 80%～90%，夯锤质量根据夯击能大小一般选择 5～20t。夯锤主体部分呈圆柱形或正多边形柱状体，夯锤端部为与锤体垂直的平面，不应采用端部为锥形的夯锤。

（3）孔内填料可采用碎石、砂土、灰土、黄土、无机建筑垃圾等材料。对有特殊要求的地基，可使用或掺入水泥、石灰、粉煤灰等材料。

（4）当桩顶设计标高位于地面或地面以下小于 1.0m 时，孔内分层填料与夯击完成后，宜在地表进行 1～2 遍满夯施工。施工过程中应随时关注孔壁稳定性，发现孔壁稳定性差或发生坍塌时，应立即停止施工并及时采取有效措施进行处理。

（5）技术指标：

1）成孔孔位允许偏差：对于条形基础的边桩，沿轴线方向为孔径的 ±1/4，垂直轴线方向为孔径的 ±1/6；其他情况为孔径的 ±2/5；

2）成孔垂直度允许偏差为 ±1%；

3）成孔直径一般取设计成桩直径的 2/3～4/5；

4）成桩桩顶标高应高于设计标高不少于 0.5m。

1.3.2 适用范围

适用于处理素填土、杂填土、黏性土、湿陷性黄土等地基。主要用于设计基础处理深度大，且承载力要求高的地基处理工程。

1.4 预制桩复合地基施工技术

预制桩复合地基施工技术是刚性桩复合地基的一种，是利用预制方桩或预应力管桩作为复合地基增强体，以预制桩和桩间土组成的复合地基施工技术。桩顶和基础之间设置一定厚度的褥垫层，使桩、土共同分担荷载，具有有效提高复合地基承载力、减少工后沉降、缩短工期等优点。

1.4.1 技术要点

（1）根据设计要求、桩架的有效高度、运输与装卸能力，合理配置单节桩长和组桩方案，应避免在桩尖接近或处于硬持力层中时接桩。

（2）当采用静压法施工时，宜选择液压式或绳索式压桩工艺，并根据单节桩长度选用顶压式或抱压式液压压桩机，其最大压桩力应取压桩机的机架质量和配重之和的90%，最大压桩力不宜小于设计的单桩竖向极限承载力标准值。当采用锤击法施工时，桩锤的选用应根据地质条件、桩型、桩的密集程度、单桩竖向承载力、现场施工条件确定，桩帽与桩周围的间隙应为 5～10mm。

（3）褥垫层施工的材料规格、分层厚度、压实遍数、压实系数等，应满足设计要求，并符合相关技术标准规定。垫层铺设宜采用静力压实法，压实后的垫层厚度与虚铺厚度的比值不得大于 0.90。

（4）在桩顶设置钢筋混凝土桩帽时，桩帽与桩顶之间采用的连接方式、桩帽混凝土强度等级、桩帽形式和规格、桩帽配筋等，应满足设计要求。

（5）预制桩复合地基为密集群桩，应确定合理施工顺序，沉桩施工应减少挤土效应对周围环境的影响。施工顺序应从场地中间向两个方向或四周对称施打，并从已有建筑一侧向另一侧进行，宜先深后浅，根据桩的规格宜先大后小、先长后短，必要时应采取有效辅助措施。

（6）技术指标

1）桩插入垂直度偏差不得超过 0.5%；

2）桩位允许偏差应符合施工质量验收标准的规定；

3）褥垫层材料最大粒径不宜大于 30mm；

4）其他指标应符合国家现行有关标准的规定。

1.4.2 适用范围

适用于处理黏性土、粉土、砂土、素填土和黄土等土层，附加荷载大且对工后沉降要求高的大面积场地。

1.5 低温储罐基础桩柱一体成型施工技术

低温储罐由于上部荷载较大，并且对差异沉降敏感，通常采用基础底板架空方式，在桩顶形成露出地面 1.5m 左右的短柱。桩柱一体成型施工技术是缩短短柱与桩浇筑的时间差，在桩身混凝土初凝前完成短柱浇筑，进而实现"桩柱一体成型"的一种高效连续的施工方法。

1.5.1 技术要点

（1）在低温储罐基础上采用桩柱一体成型技术，钻孔灌注桩部分宜采用旋挖成孔工艺，且宜采用初凝时间较长的混凝土灌注成桩。

（2）钢筋笼采用桩柱一体制作工艺，制作完成后安放就位。

（3）柱混凝土浇筑宜在桩浇筑后 4h 内完成工作平台搭设和二次清孔，并开始混凝土浇筑。

（4）浇筑孔口混凝土时，应持续浇筑直至浮浆消失并露出新鲜混凝土面。浇筑完成后，移走工作平台，拔出护筒，并应保证混凝土面不低于自然地面。

（5）清理桩顶和钢筋笼上的泥浆，在桩周撒一层相同强度等级的水泥，以加速提高混凝土的支撑强度。短柱钢模板采用螺钉连接固定，然后按设计要求安放波纹管并固定定位盘，验收合格后浇筑短柱混凝土。

（6）混凝土终凝后，拆除短柱钢模板，对短柱缠绕塑料薄膜进行保湿养护，并保持 14d。

（7）如需安装定位螺栓，应采用机械切割锯对柱顶做环切处理，并将柱顶混凝土凿毛，深度控制在 10mm 左右，同时剔除表面浮浆和松软层，露出骨料。

（8）技术指标

1）短柱钢模板内部尺寸、位置及高度允许偏差 ±5mm；

2）短柱顶标高应严格按照设计要求控制，允许偏差 0 ~ +5mm；

3）定位螺栓的预留孔径允许偏差 0 ~ +10mm。

1.5.2 适用范围

适用于低温储罐基础桩柱一体化成型的施工。

1.6 挤扩支盘灌注桩技术

挤扩支盘灌注桩技术是采用挤扩工艺在钻孔侧面不同部位形成若干个分支和承力盘的钢筋混凝土灌注桩技术。挤扩支盘灌注桩能够充分利用桩端与桩周各部位硬土层的承载能力，进而改变等直径混凝土灌注桩的受力机理，提高单桩竖向抗压与抗拔承载力，具有承载力高、适用范围广、工期短、成本低等优点。

1.6.1 技术要点

（1）挤扩支盘灌注桩施工前应先进行试钻孔，使用挤扩支盘设备对土层进行探查检验并取得挤扩压力值，验证主桩及支盘腔施工工艺及设计参数。

（2）分支或承力盘宜设置在可塑至硬塑的黏性土、中密至密实的粉土、砂土或卵砾石层、全风化、强风化软质岩石上。

（3）在砂性土中采用干法施工或在黏性土中采用水下施工承力盘时，应通过试验检查成盘的可行性。

（4）设置分支的持力层厚度宜大于 3 倍支长，设置承力盘的土层厚度宜大于 4 倍盘环宽。

（5）分支或承力盘底进入持力层深度宜大于 1 倍分支或承力盘高度，对于碎石土、强风化、软质岩等硬土宜大于 0.5 倍分支或承力盘高度；当存在软弱下卧层时，最下分支或承力盘底距软弱下卧层顶面距离不宜小于 6 倍支长或盘环宽。

（6）横向相邻分支或承力盘的位置高程宜错开布置。挤扩支盘灌注桩的最小中心距不宜小于 3 倍桩径和 1.5 倍分支盘或承力盘直径。

（7）以底承力盘为主受力的桩，宜沿桩身通长配筋；不以底承力盘为主受力的桩，配筋长度不宜小于 2/3 桩长，且钢筋端部宜延伸至相邻盘底面 500mm 以下。

（8）当桩身周围有淤泥质土和液化土层时，配筋长度应穿过该软弱土层；对承受负摩阻力的桩和位于坡地岸边的桩应沿桩身通长配筋；短桩宜通长配筋；抗拔桩应通长配筋；因地震、冻胀或膨胀力作用而承受拔力的挤扩支盘灌注桩，应通长配筋。

（9）技术指标

1）支盘盘径允许偏差为 0.1 倍桩径，且小于 50mm；

2）泥浆相对密度 1.15～1.25；

3）灌注前沉渣厚度：抗压桩≤ 100mm；抗拔桩≤ 200mm；

4）混凝土坍落度：水下施工 180～220mm；干作业 70～100mm。

1.6.2 适用范围

适用于非饱和黏性土、砂性较大的黏性土、粉土、砂土、卵砾石、风化岩层等地基土。

1.7 高压喷射注浆施工技术

高压喷射注浆施工技术是利用机具把带有喷头及喷嘴的注浆管置入已造孔内预定

的深度后，通过高压设备使浆（水、气）成为高压流，从喷头上的喷嘴中喷射出来直接冲击切割土体，浆液与土粒混合凝固形成固结体，进而改良土体、加固地基的施工技术。

1.7.1 技术要点

（1）高压喷射注浆按喷射流运动方式可分为旋转喷射、摆动喷射和定向喷射三种形式。高压喷射注浆可分为单管法、双液分喷法、双管法、三管法等多种施工工艺。

（2）防渗帷幕工程或固结体尺寸要求较大的工程，可选择双管法或三管法施工工艺；在岩溶地层可选择双液分喷法施工工艺；在狭小低矮场地可选择单管法或双液分喷法施工工艺；在地下水丰富的场地，宜选择双管法施工工艺。

（3）机具及设备类型应满足高压喷射注浆固结体设计尺寸、强度、深度和倾斜度的要求。浆液配合比根据工程需要和地质条件选配，有普通型、速凝早强型、高强型、填充剂型、抗冻型、抗渗型、改善型等，注浆量根据地层条件、施工工艺及浆液配合比确定。

（4）技术指标

1）造孔直径不应小于 75mm；

2）高压管线总长度不宜大于 80m；

3）返浆试样数量每个主要土层段应不少于 6 组；

4）质量检验点的数量应不少于施工孔数的 2%，且不少于 6 点。

1.7.2 适用范围

适用于流塑—可塑状黏性土、粉土、砂土、圆（角）砾、黄土、淤泥质土和素填土等地层条件下的地基处理、倾斜纠偏、防渗隔水帷幕、挡土围护，以及不稳定斜坡体加固、隧道工程超前预处理、工程抢险等。

1.8 气动法降水施工技术

气动法降水施工技术是指在降水过程中，采用螺杆空气压缩机（具备自动控制系统）产生的高压气体作为动力，利用气动水泵代替传统潜水泵的一种降水方法，具有智能化操作、节能高效、安全环保等特点。

1.8.1 技术要点

（1）气动法降水需要设置好基坑支护体系及止水帷幕，确定井点的钻井位置、沟槽位置、水平高程。

（2）利用钻机水泵压入清水，通过冲孔器的喷水孔，借助高压水流的喷射作用，破坏、清除井壁泥皮。冲孔时应自下而上分段反复冲洗。

（3）在每个井点内均设置气水置换器，并将置换器的出水管连接到总出水管上，进气管通过电磁阀连接到螺杆空气压缩机上；螺杆空气压缩机和储气罐之间、储气罐和干燥机之间均采用高压钢丝管连接。

（4）螺杆空压机采用自动控制系统，设置加载压力、卸载压力、最短停机时间等参数。

（5）选择带传感器的气管线，将传感器的一端固定在置换器的支架上并连接进气口，另一端连接控制箱，气管和数据线要对应连接。

（6）检查供气管路是否通畅，接入高压气体，调试自动控制系统并调整进气压力；打开电源，调节压力阀至设定工作压力，启动设备开始降水。

（7）降水前对各井的水位进行测量和记录，抽提出的水经过必要处理、水质达标后排放。

（8）技术指标

1）进气压力宜为 0.3 ~ 0.8MPa；

2）工作压力 = 所需扬程 /100+0.2，单位为 MPa；所需扬程 = 垂直距离 + 水平距离 /10，单位为 m。

1.8.2　适用范围

适用于地下水丰富、降水井数量较多的降水工程。

1.9　低温储罐基础承台施工技术

低温储罐基础承台施工技术是指根据设计分区，采用对称跳仓工艺，先施工中间部位，后施工其他部位，控制减少混凝土因收缩产生延迟裂纹的低温储罐基础承台施工方法，具有施工缝设置规范、混凝土表面裂纹少等优点。

1.9.1　技术要点

（1）通过对混凝土配合比和外加剂的优选，在满足设计指标的前提下，采取综合温控措施，对混凝土搅拌、运输、入模、浇筑、测温、养护等全过程进行控制，防止混凝土结构裂缝的产生。浇筑前，模板、钢筋及管线等应检查合格。

（2）模板及其支架根据工程结构形式、荷载大小、地基土类别、施工程序、施工机具和材料供应等条件进行设计。采用"由远及近、薄层浇筑、一次到顶"的浇筑流程。拆模时间应满足混凝土的强度要求，当模板作为保温养护措施的一部分时，其拆模时间应根据温控要求确定。

（3）技术指标

1）水泥的 3d 水化热不宜大于 250kJ/kg，7d 水化热不宜大于 280kJ/kg；

2）粉煤灰掺量不宜超过胶凝材料用量的 50%；

3）矿渣粉掺量不宜超过胶凝材料用量的 40%；

4）水胶比不宜大于 0.45；

5）混凝土拌合物到浇筑工作面的坍落度不宜大于 180mm；

6）混凝土的入模温度（振捣后 50～100mm 深处的温度）不宜高于 28℃，在入模温度基础上的温升值不宜大于 45℃。

1.9.2　适用范围

适用于低温储罐基础承台施工。

1.10　储罐基础防渗施工技术

储罐基础防渗施工技术是通过在基础和罐底之间由下往上设置灰土垫层→中粗砂填料层→长丝无纺土工布→HDPE 土工膜→长丝无纺土工布→中粗砂垫层→沥青砂绝缘层→耐火砖的防渗层，实现有效防渗透目的的施工技术，具有防渗性好、化学稳定性好、机械强度较高、耐候性强、使用寿命长、敷设及焊接施工方便等优点。

1.10.1　技术要点

（1）防渗区的施工应先高后低，按罐基底→罐基底周边→其他部位的顺序进行。

（2）土工材料应按施工图要求分片逐层安装，避免土工膜产生皱纹和折痕，铺设完毕自然松弛，与基层贴实，不得悬空。

（3）土工膜的拼接接缝应采用双缝热熔焊接，局部修补可采用单缝挤压焊接，工序包括材料展开、裁剪、试焊、调试焊接设备、焊接、锚固、检查、检测、验收等过程。

（4）HDPE 焊接质量检测有非破坏性检测（检漏试验）和破坏性检测两种。热熔双焊缝的非破坏性检测常采用充气法，挤压熔焊单焊缝的检漏常采用真空法和电火花法。

（5）抗渗膜基顶压边，与罐底采用沥青密封膏，与罐壁之间采用密封料灌注。

（6）渗滤液排出管与防渗膜之间采用挤压式焊接，宜增加附加层。

（7）技术指标

1）土工膜接缝搭接宽度，热熔焊接为 100mm±20mm，挤出焊接为 75mm±20mm；

2）长丝土工布缝合和焊接的宽度为 0.1m 以上，搭接宽度一般为 0.2m 以上；无纺土工布搭接宽度，缝合连接为 75mm±15mm，热熔连接为 200mm±25mm；

3）灰土垫层、中粗砂填料层压实系数不应小于 0.94，沥青砂绝缘层压实系数不应小于 0.95。

1.10.2 适用范围

适用于石油和化工储罐基础防渗施工。

1.11 设备基础减振施工技术

设备基础减振施工技术是通过在设备基础上安装隔振支座、隔振垫的方式，以减少设备振动对基础的不利影响的施工技术。

1.11.1 技术要点

（1）隔振器立柱插筋在基础浇筑前必须定位固定牢固，立柱施工高度应在设计高度的基础上，预留 50mm 的隔振器调平层厚度，允许偏差宜为 0～+10mm，并采取可靠的抗裂措施。立柱四周预埋件距离柱顶宜为 150mm。立柱浇筑养护完成后，柱顶安装定位钢框标高偏差不宜大于 1mm，整体水平度不宜大于 1mm/m，各柱顶钢框标高偏差不应大于 5mm。调平层采用无收缩自流平灌浆料进行填充，强度等级不低于 60MPa。柱顶设置的隔振器定位钢框是台板基础浇筑的支撑点，所用材料规格应经过承重验算，并与柱侧预埋件进行满焊处理。

（2）隔振器安装前复测柱顶调平层的标高和水平度，超差时应采用机械打磨处理，所有柱顶调整完成后标识出纵横中心线及标高基准线。吊装前，在柱顶设置隔振器防滑垫，参照柱顶纵横中心线进行定位，偏差不宜大于 2mm。隔振器顶部设置各规格厚度的调平钢板及防滑垫，对隔振器的顶部标高进行调整。所加调平钢板厚度根据台板基础底部标高进行控制，标高偏差应控制在 −3～0mm。

（3）台板基础底模板铺设支撑牢固后进行放线，根据定位轴线和套管的分布确定每个套管的设计中心点，将每个套管座对准圆周线定位，并用钉子钉牢在底模板上。钢筋绑扎应避开套管座，支设侧模板并加固牢固，模板对拉杆件避开套管位置。钢筋、模板安装加固验收合格后，每根套管从上部插入套管座，调整垂直度（垂直度不宜大于 5mm/m），并与上部钢筋点焊牢固，套管顶部应进行封闭。

（4）通过加减隔振器调平钢板的数量与厚度，使每个柱顶与台板基础的间距恢复至释放前的初始状态。间距的允许偏差宜控制在 ±0.25mm。对机组各个轴系对中数据进行复测，与释放前对中初值进行对比，偏差过大时应继续调试隔振器，直至数据恢复至机组技术标准合理范围内。隔振器调试过程中，对标高基准点与弹簧隔振器的高度持续进行测量和换算，使机组轴系对中数据处于设计或机组制造厂标准范围内。隔振器调试后机组进行精对中，并进行二次灌浆。

1.11.2 适用范围

适用于有隔振、减振要求的大型设备基础施工。

1.12 大型化工设备基础预留预埋施工技术

化工设备（装置）基础具有结构形式复杂、几何形状不规则、"三向"控制要求严、预留预埋精度高等特点。大型化工设备基础预留预埋施工技术是通过定型模具、整体植入、超深模盒隔离等手段，进而有效控制施工质量，保证设备（装置）精准就位的施工技术。

1.12.1 技术要点

大型化工设备基础施工主要质量控制要点包括平面位置及标高、预留孔（洞）位置及尺寸、预埋螺栓（件）位置及标高。

（1）平面位置及标高：成套化工装置设备基础平面及标高控制基准为全场（区域）整体测控网，控制网等级不低于三等，且要定期复核基准点。施测时从单一基准点引出，消除就近引测带来的累积偏差，控制线（点）精度为 ±1mm。混凝土浇筑前对技术不同部位标高逐一标记，混凝土浇筑后及时派专人修正精平、复测。

（2）预留孔（洞）位置及尺寸：深度达到最小边长 3 倍及以上的预留孔（洞），应采取预制模盒定位与隔离技术，保证预置模盒定位准确，避免分离困难，保证大深度预留形状满足设计要求、位置准确、内部无残留。

（3）预埋螺栓（件）位置及标高：预埋分为预埋螺栓、预埋件、预埋管等，按照相对关系分为单个控制和成组控制。单个控制采用结构钢筋焊接或型钢辅助焊接法，成组控制采用定位板整套固定，较长螺栓应采取双模板法保证垂直度。混凝土浇筑过程应严密监测，浇筑后及时复测。

1.12.2 适用范围

适用于具有异形、特异形、高精度预留、大深度预埋、成套关联的实体及框架类混凝土结构设备（装置）基础施工。

2 建筑与结构

2.1 不规则双壁沉井施工技术

不规则双壁沉井施工技术是指通过提前整体或分段地面预制混凝土结构体，在内部采取对称分层取土，利用结构自重或人工助沉措施辅助均匀下沉直至设计高程后，进行封底作业形成稳定结构的施工技术。

2.1.1 技术要点

（1）测量放线和基坑开挖：测量放线、沉井定位应准确，防止沉井位置出现偏差。基坑开挖深度应考虑沉井制作高度和地下水位，尽可能降低起沉面。基坑开挖尺寸应考虑沉井制作时的工作面和下沉时可能会造成的边坡塌方。

（2）沉井制作：基坑开挖完成后，对基底进行找平，然后制作沉井底模（即刃脚承垫）；刃脚承垫可采用木模制作，刃脚必须依据定位控制线制作；刃脚和井壁钢筋绑扎完成后进行模板安装，沉井外侧应平滑，以利于下沉。井壁模板采用组合钢模板和 50mm×100mm 方木配合施工，模板加固采用脚手架钢管和 ϕ12mm 对拉螺栓，对拉螺栓间距宜按 600mm 设置。验收合格后浇筑混凝土，第一节沉井预制完成。由于是分节制作，接高的第二节混凝土竖向中心线应与第一节的中心线重合，接口外表面必须平整。

沉井高度不大时应尽可能采取一次制作完成。当沉井高度和重量都较大时，其重心高，易产生倾斜，宜采用分节制作，每节高度以 6～7m 为宜。

（3）沉井下沉：沉井下沉是整个沉井施工中的关键点。其下沉方法及要求如下：

1）必须在第一节混凝土强度达到 100%，其他各节混凝土强度达到 80% 后方可下沉，施工中以同条件试块强度为准；

2）挖土前应将井孔内的所有杂物清除干净。为使沉井均匀下沉，刃脚下方挖土应分区、依次、对称、同步进行。对称掏挖，随挖随降。井体内挖土采用人工和机械配合，连续作业。具体挖土方法：外井壁与内井壁之间土方采用人工开挖，内井壁与内井壁之间土方采用挖掘机由中心向四周开挖。平均每昼夜下沉 400～500mm，沉井平稳顺利降至距设计标高 150mm 处时，应停止下沉 24h，观察沉井下沉情况，然后调整就位。

（4）沉井纠偏：沉井在下沉过程中可能会产生一定偏斜，必须随沉随测，及时发现偏斜，及时纠偏。沉井下沉前在井壁上设置纵横线，并在井壁转角处挂垂球，同时在井壁顶面至下部刃脚标出水平标尺线，下沉过程中随时观察。

（5）封底：沉井沉至设计标高稳定后开始封底。干封底时，先在井底铺500mm厚毛石，然后浇筑厚度不小于300mm的素混凝土；若遇雨期或有积水时要在沉井底设置两个钢板集水井，持续降水，封底素混凝土凝固后可以施工沉井结构底板。带水封底施工时，在保持水位稳定的情况下按水下浇筑混凝土工艺施工封底素混凝土，然后完成结构底板。

2.1.2 适用范围

适用于工业与民用建筑中不稳定含水层、黏性土、砂土、淤泥等地基中的深基坑、深地下室、设备深基础、排水泵站、提升泵站、桥墩、顶管的工作井、取水口等大型不规则钢筋混凝土构筑物工程施工。

2.2 预应力混凝土储仓施工技术

预应力混凝土储仓施工技术是指在储罐、筒仓等结构外壁施加环向预应力，在不增大结构断面的前提下有效提高储仓结构抗力的施工技术，可采用有粘结或无粘结预应力筋。

2.2.1 技术要点

（1）环向有粘结预应力

根据不同结构布置，绕筒壁形成一定的包角并锚固在扶壁柱上，上下束预应力筋的锚固位置应错开。

1）孔道留设：孔道一般采用金属波纹管成型，孔道向上隆起的高位处和下凹孔道的低点处设排气口、排水口、灌浆孔，每隔2～4m设置管道定位支架。预应力孔道安装完成后，应在隐蔽前和浇筑完成后进行通畅性检验，以确保孔道畅通。

2）穿束：预应力筋可采用单根穿入，也可采用成束穿入。采用成束穿入法时，应将牵引和推送相结合。牵引工具使用网套技术，网套与牵引钢缆连接。

3）张拉：张拉应遵循对称同步的原则，保证每次张拉建立整体预应力。沿高度方向由下向上进行张拉，遇到洞口的预应力筋加密区自洞口中心向上、下两侧交替进行。

4）灌浆：一般为一端进浆，另一端排气排浆，但孔道较长时应适当增加排气孔和灌浆孔。有下凹段或上凸段时可在低处进浆，高处排气排浆；对较大的上凸段顶部，还可采用重力补浆。

（2）环向无粘结预应力

1）预应力筋在仓壁内成束布置，张拉端分散布置，单根或采用群锚整体张拉。根据张拉端的构造不同，分为有扶壁柱和无扶壁柱两种形式。

2）预应力筋成束绑扎在钢筋骨架上，应顺环向铺设，不得交叉扭绞。张拉顺序自下而上，循环对称交圈张拉。

3）多孔群锚单根张拉应采取逐根逐级循环张拉工艺。

4）两端张拉环向预应力筋宜采取两端循环分级张拉工艺，伸长值在两端较均匀分布，相差不超过总伸长值的 20%。

5）为了保证对称受力，在相对应的扶壁柱两端交错张拉作业，同一扶壁两侧应同步张拉。

（3）环锚张拉法

环锚张拉法是利用环锚将环向预应力筋连接起来用千斤顶变角张拉的方法。蛋形消化池为三维变曲面壳体，壳壁中竖向和环向均布置后张拉有粘结预应力钢绞线，通过弧形垫块变角将钢绞线束引出张拉。张拉后用混凝土封闭张拉凹槽。张拉分层进行，单根张拉至 20% δ_{con} 后整束张拉。张拉锚固后割除外露钢绞线，重新穿高密度聚乙烯防护套管，注入防腐油后，用无收缩混凝土回填。

（4）锚具检验

锚具应进行外观、硬度及静载锚固性能检测，有低温要求的还应进行低温静载锚固性能检测，并在张拉前进行锚口摩阻损失试验。

2.2.2 适用范围

适用于大容积、薄壁、储料压力大、抗渗漏和耐久性要求高的混凝土储仓、储罐、蛋形消化池等施工。

2.3 造粒塔柔性平台滑模施工技术

造粒塔柔性平台滑模施工技术是将塔壁模板系统、提升架及内外环形平台等通过中心盘（鼓圈）与辐射状的拉杆连接，并将液压、电气、精度控制系统及内外下吊架等安装完成后，进行塔壁滑模施工的技术。相对于传统刚性平台滑模施工，具有重量轻、材料投入少、易操作、使用直径范围大等特点。

2.3.1 技术要点

（1）滑模平台的设计与制作：采取上刚性下柔性的结构，并计算千斤顶、提升架、支撑杆、模板与围圈等构（部）件规格与数量。

（2）滑模装置的组装：组装前应完成相应高度钢筋绑扎及检验，依据标高及截面尺寸弹设组装控制线，依次按提升架、模板与围圈、千斤顶、支撑杆、柔性拉杆、液压油路、电气照明及控制装置、试滑升（约 2m 高度）、内外吊架及安全围护、柔性拉杆拉紧的顺序进行。

（3）滑升及控制：组装完成进行约 2m 高度的试滑后，安装内外吊架及安全围护设施，并对柔性拉杆进行拉紧校正。滑升中混凝土应对称环向浇筑，每 200～300mm 滑升一次，并同步进行钢筋绑扎、孔洞及埋件留设、标高与偏差施测及调整。依次循环重复操作，完成塔体滑模施工。滑升中，上下分层浇筑间隔时间应不超过混凝土的初凝时间，并应同步进行标高测量、垂直度测量及扭偏测量。偏差调整应根据不同偏差类型，采取相应的调整方法。

（4）技术指标

1）塔体垂直度 ≤ 0.1% 塔体高度，且不大于 50mm；

2）主体结构的扭转量：圆形筒体 ≤ 0.1% 塔体高度，且不得大于 100mm；多边形或方形筒体不得大于 50mm；

3）造粒塔电梯井施工允许偏差：中心位置，10mm；长、宽尺寸：+25mm，0mm；

4）墙、柱、梁、板施工允许偏差：+10mm，–5mm。

2.3.2　适用范围

适用于造粒塔滑模施工。

2.4　造粒塔钢桁架支撑体系浇筑喷头层施工技术

造粒塔钢桁架支撑体系浇筑喷头层施工技术是指造粒塔筒壁施工完成后，在塔内组装一个装配式空间钢平台，通过塔内壁顶部留设的吊点及支撑点，将钢平台提升后固定在喷头层下方，作为支撑喷头层结构的临时平台，以便于喷头层结构施工的技术。

2.4.1　技术要点

（1）钢平台设计与制作：钢桁架平台经专项设计并出具正式图纸，由钢构厂加工制作。平台由辐射梁桁架、上下弦水平支撑与垂直支撑、系杆与檩条等杆件组成。杆件节点采用高强度螺栓连接，具有直径可调及多次周转功能。

（2）钢平台组装、提升、固定：组装在塔内进行，组装前应将场地平整压实，根据设计图纸，弹设控制标高线，杆件依次进行组装。组装时，应将吊点、支撑点、辐射梁桁架三点成直线设置。提升设备为电动提升机，索具为纤维芯钢丝绳。索具采用卸扣连接。设备及索具选型通过计算后确定。提升时，以 6m 为一个提升节，提升完成后进行提升设备行程复位。行程复位应对称两点同时进行，待全部复位后，依次重复提升至喷头层下方并固定。提升由总分开关控制同步提升，吊点及索具应受力均匀。

（3）喷头层施工及平台拆除：喷头层施工期间，钢平台严禁超载。喷头层施工完成后，在平台降落前应检查吊点设置情况，通过提升时所用设备及索具，依次同步降落至地面进行拆除。杆件拆除清理后，应入库存放。

（4）技术指标

1）支撑点焊缝外观及无损检测：外观 100%；无损检测比例不低于 20%；

2）杆件数量及规格：100% 全数检查；

3）高强度螺栓初拧与终拧：100% 全数检查。

2.4.2　适用范围

适用于不同直径造粒塔工程喷头层结构施工。

2.5　网架滑移施工技术

网架滑移施工技术是指利用架设在结构顶部的滑轨分段组对、滑移就位网架的施工方法。即起步跨地面拼装整体吊装至滑移轨道，借助滑移小车实现起步跨和后续结构单元的就位。

2.5.1　技术要点

（1）挠度控制

单条与分条滑移挠度相同，逐条累积滑移过程单元仍为两端自由搁置的立体桁架。如不满足可采取增加起拱度、开口部分增加三层网架、中间增设滑轨等措施。

（2）滑轨与导向轮

1）滑轨的形式较多，可根据实际情况选用。滑轨位置与标高现场确定，滑轨与支撑预埋件采用电焊或螺栓连接；

2）导向轮安装在导轨内侧，间隙为 10～20mm，在正常滑移时脱开，当同步差或拼装偏差超过规定值时可能会碰上。

（3）牵引力与牵引速度

1）牵引力：水平滑移时牵引力可按照滚动或滑动摩擦计算，两点牵引时两边牵引力之比约为 1∶0.7，选用设备能力应适当放大；

2）牵引速度：为了保证网架滑移平稳，牵引速度一般控制在 1m/min 左右，如采用卷扬机牵引则应通过滑轮组降速；

3）同步控制：两点牵引不设导向轮时要求滑移同步，设置导向轮时牵引速度差以导向轮不碰轨道为准。三点牵引还要求网架不增加太大的附加内力，同时设置同步监测设施。

（4）网架分段原则

1）起步段间距不宜过大，结合场地合理确定；

2）每个滑移段长度网架均应有支点；

3）每段网架自身刚度必须满足不产生下挠变形。

2.5.2 适用范围

适用于现场狭窄、设备密集，以及建筑平面为矩形、梯形或多边形网架施工。

2.6 螺栓球网架整体安装技术

螺栓球网架整体安装技术是利用地面拼装平台，在安装位置下方完成全部散件拼装并验收合格后，利用常规或非常规提升设备进行提升就位的施工技术。

2.6.1 技术要点

主要原理：将网架划分为若干个"网架块体"的散件在地面拼装好，再依次吊到高空进行校正拼接成整体网架。

（1）螺栓球及杆件加工

螺栓球是由毛坯经模锻而成的，为确保螺栓球的精度，制作时应在一个高精度的分度夹具上进行。在车床上加工时，先加工平面螺栓孔，再用分度夹具加工斜孔，各螺栓孔螺纹和螺纹公差、螺孔角度、螺孔端面距球心尺寸的偏差应符合现行国家标准《钢结构工程施工质量验收标准》GB 50205 的规定。

弦杆采用锥头与钢管焊接而成，其焊缝宽度可根据钢管壁厚来确定，焊接工艺由焊接工艺评定报告确定。腹杆采用封板与钢管焊接制成，其要求同弦杆。采用无齿锯下料，长度的允许偏差为 ±1mm。为控制杆件制作精度，提高杆件制作效率，应预先制作杆件组对胎具。胎具水平滑槽用角钢制作，滑槽内设两个挡板，一个固定，另一个可以沿滑槽纵向水平滑动。组对时，通过调节两个挡板的间距来控制杆件的组装长度。当一根杆件经校正无误后，将可移动的挡板用夹具牢固夹紧在胎具滑槽上，与该杆件相同的料就可以从胎具上以相同的长度被制作出来。

套筒的制作：套筒的外形一般选用六角套筒，其尺寸必须符合扳手开口尺寸系列的要求，端部必须加工平整，孔内径根据与之相配合的螺栓直径确定。

（2）网架配件编号分类

根据螺栓球和杆件位置、规格进行编号；然后按编号不同进行分类，按类别将网架配件集中摆放整齐并做明确标识。拼装时依据施工图，按配件编号取件，确保拼装的正确性和准确率。

（3）"网架块体"拼装

将网架的杆件和螺栓球在地面拼装成"网架块体"。拼装在事先设定的台座上进行，台座应严格用水平仪配合抄平。拼装和复查使用的钢尺应与土建施工放线使用的钢尺进行"对尺"，丈量时的拉力应一致。

网架拼装顺序：拼装小单元→基本单元→纵向（短边）扩大基本单元→横向（长边）扩大基本单元→拼装单元验收。拼装过程在地面上进行，施工安全风险小、工效高，测量验收简便易行、质量控制好。

（4）"网架块体"吊装

吊装工艺：吊车定位，用绑扎起吊的钢丝绳将"网架块体"吊离地面500mm左右，调整"网架块体"倾角和吊车回转半径；然后缓慢起吊回转，将网架块体吊装就位；接着全方位调整倾角对准连接杆件，节点连接紧固；最后松钩，吊车移动到下一吊装位置，重复以上程序。

（5）"网架块体"高空校正拼接

高空校正拼接工艺：首先将"网架块体"的尾部杆件对准插入螺栓球节点（先上弦杆，后下弦杆），接着将"网架块体"一侧的杆件对准插入螺栓球节点；紧固尾部上弦杆先紧固1/2，紧固尾部下弦杆先紧固1/2，紧固侧向上弦杆先紧固1/2，紧固侧向下弦杆先紧固1/2，尾部上下弦杆同步紧固到位；最后，侧向上下弦杆同步紧固到位。

整个校正拼接过程中要充分利用4个倒链边微调、边紧固和正确对位校正，4个节点同时紧固，受力均匀，紧固完毕后方可穿好锁口螺栓。锁口螺栓安装完毕后，将4个倒链微松，然后检查"网架块体"悬挑端的挠度、伸缩缝的宽度。根部下弦连接点标高要指派专人在高空进行外观检查，发现不符合要求时要及时找出原因，重新调整校正。

2.6.2　适用范围

适用于展览厅、报告厅等球形网架屋顶空间结构施工，尤其适用于加气站、加油站等球形网架顶棚的施工。

2.7　大型池类混凝土结构施工技术

大型池类混凝土结构施工技术是通过池类混凝土结构、连接段、结构缝刚性防水技术，以及表面加强抗渗、防腐处理技术，实现大型水工构筑物满足抗渗、耐腐蚀、耐久要求的施工技术。

2.7.1 技术要点

大型混凝土池类构筑物施工顺序：池底板施工→壁板钢筋安装→止水带和预埋件（管）安装→模板安装→混凝土施工→混凝土养护→模板拆除清理→变形缝处理→蓄水试验→防水工程→防腐工程→缺陷处理。关键施工节点控制如下：

（1）贯穿构造的构件均设置防水构造，一般采用焊接止水钢板。结构间断处按照刚性、柔性做法进行防水构造处理。间断缝一般离开转角 300～500mm，采用埋置钢板、橡胶止水带、企口＋遇水膨胀条构造。水池变形缝处应按设计要求留设，并在交接处按照施工缝要求进行处理。

（2）非设计间断处不得产生计划外冷缝，带顶板混凝土结构水池，池壁宜与顶板同时浇筑。

（3）防水面层防渗：表面应平整清洁、无隔离剂和油污，湿润但无积水。防渗加强层施工前应做结合层处理，防水层应分层施工，表面应压实、抹平，且应压光；每层宜连续施工，需留施工缝时应采用阶梯坡形槎，离开阴、阳角不小于 20mm；防水层的阴、阳角处应做成圆弧形；防水层与基层结合应牢固，无裂缝、无空鼓、无气泡，不脱层、不滑坠。根据设计要求，还可采用不锈钢内胆防水、多点锚固 PE 板防水等。

（4）块材及整体防腐：块材应进行外观检查，进行试排并标记。铺砌顺序由低向高，阴角处立面压平面，阳角处平面压立面。块材铺砌应交错进行，不应有直缝和十字缝。多层铺砌时，层间不应重缝。立面铺砌时，连续铺砌高度应与胶泥硬化时间相适应。结合层厚度、灰缝宽度、勾缝尺寸应符合相关规定要求。勾缝应清理干净，不得沾染污垢，并应填满压实，表面平整光滑，不得有空隙气泡。根据设计要求，可采用树脂防腐、玻璃钢防腐等。

（5）技术指标

1）防水等级一级：不允许渗水，围护结构无湿渍；

2）防水等级二级：不允许漏水，围护结构有少量偶见湿渍，湿渍总面积不应大于围护结构总面积的 0.6%；

3）防水等级三级：有少量漏水点，任意 $100m^2$ 防水面积上的漏水点数不超过 7 处，不得有线流和漏泥砂，水池平均漏水量小于 0.5 L／（$m^2 \cdot d$）；

4）防水等级四级：有漏水点，不得有线流和漏泥砂，水池平均漏水量小于 2L／（$m^2 \cdot d$）。

2.7.2 适用范围

适用于石油化工项目中现浇钢筋混凝土液体贮池、固液混合贮池与大型设备井池的施工。

2.8　超平地坪机械化摊铺施工技术

超平地坪机械化摊铺施工技术是根据策划好的分仓布置激光整平机行走线路，利用激光发射器和接收器协同完成大面积地坪标高精确控制的施工技术。

2.8.1　技术要点

（1）根据建筑轴线划分合理的分仓缝，按分仓布置图规划地坪混凝土浇筑顺序，策划激光整平机行走路线及施工范围。

（2）地坪施工激光发射器布置应选择通视条件好的地方，确保信号传递通畅，布置点周围应搭设警戒标识，禁止车辆或人员随意穿行。

（3）在双层钢筋网片绑扎完成后开始布置激光整平机行走轨道，轨道布置时应高出钢筋面层，支点应可靠固定，防止设备行走过程中出现晃动或倾斜。地坪浇筑过程前进行设备调试，混凝土浇筑过程中应时刻注意激光信号接收情况，防止信号中断造成误差。对柱边、墙边等激光整平机无法施工的部位，采取辅助找平的方式进行施工。

2.8.2　适用范围

适用于面积大、平整度要求高的地坪工程。

2.9　PC 构件节点套筒连接注浆施工技术

PC 构件节点套筒连接注浆技术是基于套筒内灌浆料较高的抗压强度和微膨胀特性，在灌浆料与套筒内侧筒壁间产生较大的法向应力，借此在钢筋表面产生摩擦力传递钢筋轴向应力，是 PC 构件节点纵向受力钢筋有效且可靠的连接技术。按灌浆类型分为半套筒灌浆和全套筒灌浆。

2.9.1　技术要点

（1）采用观察、尺量检查法对套筒外观质量、标识和尺寸偏差进行检验，结果应符合现行行业标准《钢筋连接用灌浆套筒》JG/T 398 的有关规定。

（2）灌浆料是灌浆连接的核心产品，必须在构件生产时与套筒验收时配套，且经过型式检验。实体试验构件灌浆验证按照现行行业标准《钢筋套筒灌浆连接应用技术规程》（2023 年版）JGJ 355 第 6.1.4 条，首次施工选择有代表性的单元或部位进行试制作、试安装、试灌浆。除应对灌浆料进行验证外，还应对施工配套机具、工艺进行验证。浆料试验应对拌合物 30min 流动度、泌水率，以及 3d 抗压强度、28d 抗压强度、3h 竖向膨胀率、24h 与 3h 竖向膨胀率差值进行检验。随机抽取同一成分、同一批号的灌浆料，不超过 50t 为一批，按现行行业标准《钢筋连接用套筒灌浆料》JG/T 408 的有关规定取灌浆料制作试件。

（3）灌浆料制备是灌浆连接关键工序，水料比要严格控制，按本批料出厂检验报告要求的水料比精确称量。

（4）PC 构件之间钢筋连接时，应保证钢筋定位精准、落位准确。构件吊装、固定时，基础面放置可调垫铁调平，校准位置和垂直度后固定。

（5）使用单套筒灌浆专用工具或设备进行压力灌浆，灌浆料从套筒一端进浆孔注入，从另一端出浆口流出。进浆、出浆孔接头内灌浆料浆面均应高于套筒外表面最高点。

2.9.2 适用范围

适用于预制 PC 构件装配式结构节点连接。

3 动设备

3.1 大型往复式压缩机组单轴承同步电机施工技术

大型往复式压缩机组单轴承同步电机施工技术是采用转子临时支撑托辊施工工艺，保证定子与转子空气间隙及压缩机曲拐差的精度，以科学合理的压缩机、电机施工顺序，提高压缩机组整体安装质量的施工技术。

3.1.1 技术要点

大型单轴承无刷励磁同步电机施工技术主要解决的技术问题：

（1）大型单轴承同步电机的安装程序。

（2）电机无轴承端转子轴临时支撑托辊的结构形式和安装要点。

（3）电子转子精准就位于磁力中心位置，并对电机定子和转子空气间隙进行调整。

（4）压缩机曲轴曲臂距差第二次测量。

（5）电机临时支撑托辊拆除后，电机定子和转子空气间隙的第二次检查，压缩机曲轴曲臂距差第三次测量。

（6）在电机转子无轴承端下部安装用于支撑转子无轴承端的临时支撑托辊。其特征为：精确对中完成后，安装飞轮和盘车器，用螺栓紧固连接联轴器，使压缩机曲轴与电机转子成为一个刚性整体；将压缩机曲轴分别置于 0°、90°、180°、270° 位置，测量其曲拐间距离，差值应小于 0.03mm；合格后对电机进行二次灌浆，灌浆强度满足要求后，立即紧固电机底座地脚螺栓。

3.1.2 适用范围

适用于驱动大型往复式压缩机组大型单轴承同步电机的安装。

3.2 大型往复式压缩机十字头销、活塞及活塞杆安装技术

大型往复式压缩机在化工行业应用广泛，主要用于压缩气体，提高气体压力，是化工行业的核心设备。该技术利用专用工具安装大型往复式压缩机十字头销和活塞杆，安全便捷，节省工时。

3.2.1 技术要点

（1）十字头销安装专用工具

往复式压缩机十字头销形状是圆柱体，安装时要插入十字头铜套内。大型往复式压缩机十字头销比较重，人力无法搬动，由于空间限制也无法使用起重机械直接吊装。根据十字头销的重量和尺寸，制作十字头销安装专用工具，用十字头销原有的螺栓将其与十字头销连接；然后用厂房内桥式起重机吊装专用工具平衡块，安装十字头销；安装就位后，拆除专用工具。

（2）活塞及活塞杆安装专用工具

往复式压缩机活塞及活塞杆安装找正工具包括挡板、槽钢支架、支撑块、调整螺栓和锁紧螺母。两个挡板分别通过固定螺钉安装于槽钢支架两端，挡板下部突出于槽钢支架底面，槽钢支架中部和支撑块中部分别开有两个竖向通孔；支撑块设置于槽钢支架中部上方，两个调整螺栓分别穿过所述槽钢支架和支撑块上的竖向通孔；在槽钢支架顶面位置的调整螺栓上装有锁紧螺母。找正工具放置在活塞杆下部，通过调整两个调整螺栓的高度，使支撑块托起活塞杆，并使活塞杆高度与十字头吻合，从而实现活塞杆与十字头准确对中。

3.2.2 适用范围

适用于大型往复式压缩机十字头销、活塞及活塞杆安装。

3.3 立式辊磨机施工技术

立式辊磨机简称立磨机，主要用于细磨煤、水泥熟料、石灰石、黏土、瓷土、石膏、长石、重晶石煤物料等。该技术是通过控制设备底板、减速机输出法兰上平面水平度等设备关键点安装偏差，采取正确的齿轮箱、磨碗、磨碗壳，电动机安装控制要点及施工程序，保证设备整体安装质量，延长设备检修周期，提高设备使用寿命的施工技术。

3.3.1 技术要点

（1）立磨机安装的首道工序是立磨机台板就位，找正。立磨机基础及设备底板水平误差应小于0.015mm/m；减速机输出法兰上平面水平度不大于0.1mm/m；立磨机中心线偏差小于或等于3mm。侧机体及其衬板装置的安装应确保进风口位置正确。

（2）在安装齿轮箱之前，应检查连接法兰上的两个销子是否已装上，销子突出高度是否达到设计要求。把齿轮箱吊装到安装位置，使齿轮箱与侧机体对中，此时不应紧固或销住齿轮箱。最后按总图要求钻铰销孔，并安装销及螺栓。

（3）将磨碗、磨碗壳叶轮装置吊装到位，定位销必须正确对准，从磨碗壳上拆除磨碗壳盖耐磨板和磨碗壳。在磨碗盖与磨碗之间涂上密封胶，重新装上磨碗盖和耐磨板，并按要求拧紧紧固件。

（4）对准裙罩装置的四等分部分，然后沿磨碗壳四周进行紧固。在每一四等分部分上装一个调整螺钉，用这些调整螺钉顶起磨碗壳裙罩装置，使磨碗壳裙罩装置与磨煤机底盖板之间的间隙达到磨煤机总图所示间隙。用内六角螺钉把刮板及其护板装置装在裙罩装置上，最后将刮板装置焊接于裙罩上。

（5）拧紧齿轮箱固定在底板上的紧固件，拧紧前涂上防咬润滑油。缝隙气封安装，按图安装各零件，用压盖将密封填料压紧并用双螺母锁紧。

（6）将电动机吊装到底板上，半联轴器装在齿轮箱输入轴和电动机输出轴上，接上中间接轴。校正水平度，按要求调准联轴器。紧固电动机并在对应底脚上安装定位销，安装联轴器防护罩并固定。

（7）上述部件安装完毕后，进行全面检查，完全达到安装精度要求后，将垫铁点焊为整体，即可对基础进行二次灌浆。

3.3.2　适用范围

适用于水泥、陶瓷、煤炭、化工、电力等行业中立式辊磨机安装施工。

3.4　动设备振动频谱分析技术

动设备振动频谱分析技术是通过安装在轴承座上的振动传感器拾取振动信号，并将此振动信号通过电缆线传入振动频谱分析仪，通过分析各频率下分析仪上呈现的振动频谱图特征，从而找到机组振动原因的分析技术。

3.4.1　技术要点

（1）机组振动特征为1倍频（1×转动频率）的振动量很高，且振动量随着转速的增加而变大。频谱图中其他倍频都很小甚至没有时，可以判定为转子动平衡偏差超标。

（2）机组振动特征为1倍频及/或2倍频（2×转动频率）的振动量很高，轴向振动较大。轴向与径向的振动相位差为180°时，可以判定为转子对中偏差超标。

（3）动设备振动幅值或振动烈度值应符合产品技术文件或设计文件的规定，若无规定，应参考以下现行国家标准：《在非旋转部件上测量和评价机器的机械振动 第6部分：功率大于100kW的往复式机器》GB/T 6075.6、《机械振动 在旋转轴上测量评价机器的振动 第3部分：耦合的工业机器》GB/T 11348.3和《机械振动 选择适当的机器振动标准的方法》GB/T 41095。

3.4.2 适用范围

适用于各种类型的压缩机组、机泵及其他动设备的振动故障分析。

3.5 长轴距激光对中仪找正技术

长轴距激光对中仪找正技术是利用激光束特性,经传感器检测两个相反方向的激光束的位置并通过计算机计算,实现长轴距联轴器高精度同轴对中的技术。该技术有效避免了由于压缩机与驱动机距离较远,采用传统的百分表方法对大型压缩机组传动设备联轴器进行对中找正会产生较大误差的不足。

3.5.1 技术要点

长轴距激光对中仪找正技术解决了长端距百分表对中过程中表架挠度和人为因素引起的误差,同时将需要调整的数据与对中结果进行直观的显示,提高了对中效率。

(1)测量前的准备工作

1)检查测量数据所设置的公差要求;

2)检查需要测量设备是否有动态位移补偿;

3)保证待测设备温度正常,达到室温要求或满足制造商推荐的冷态对中温度;

4)检查所有与设备连接的管道应力,保证其均为无应力连接状态;

5)核对机组轴端距,应以基准机器轴端面为基准,使用卷尺或内径千分尺进行测量。

(2)机组核定轴端距时各轴的轴向位置应符合下列要求

1)齿轮箱的齿型为斜齿的低速轴止推盘应紧贴副止推瓦块;

2)齿型为其他齿的低速轴止推盘应放在中间位置;

3)高速轴端面与箱体加工面间距离应符合产品技术文件的要求;

4)压缩机、烟气轮机及汽轮机的止推盘应紧贴主止推瓦块;

5)电动机的转子应处于磁力中心线位置。

(3)对中调整主要过程

校对端面距离→连接联轴器→安装激光发射器(区分固定端 S、可移动端 M)→启动仪器→选择测量模式(垂直轴对中、水平轴对中;多点对中、固定弧度对中)→输入转速范围或额定转速→测量激光发射器的间距、前后支座间距→盘车测量→对中调整垂直方向及水平方向偏差至厂家要求范围内→复测对中→对中合格。

3.5.2　适用范围

适用于所有非万向联轴器连接的传动设备联轴器对中测量。

3.6　挤压造粒机施工技术

挤压造粒机施工技术是将挤压造粒机各组成部分（主要包括主电机、主减速机、混炼机、齿轮泵、齿轮泵减速机、齿轮泵电机、模板、换网器、切粒机、切粒机电机以及其他附属系统）依据安装顺序依次安装并多次调整调正的施工技术。

3.6.1　技术要点

安装找正、找平总体原则：安装工作以主减速机为基准，以进料斗中心为机组纵横向定位点，再以安装好的主减速机为基准，分别对主电机、混炼系统进行找正找平。在混炼系统安装完成后，以其作为参照标准，对来车阀、换网器对开车阀、换网器进行安装，以此类推，逐一完成全部主机的安装。辅助系统（如润滑系统、热油单元、颗粒水干燥系统、其他辅助设备等）穿插进行。各部件总体按照基础排列先后顺序进行组装，先安装靠里侧的，后安装外侧的；先安装高的，后安装低的；先安装重的，后安装轻的，以此类推。关键操作要点：

（1）以主减速机为例，找平过程中，在支撑垫板灌浆层达到规定强度时撤去临时垫铁，按扭矩值分次拧紧各地脚螺栓，并复查主减速机的水平度。

（2）主机各个部件灌浆强度达到规定值后，方可进行下道工序找正工作。每个部件找正完毕的同时，需复查上个部件及整机找正精度。

（3）需经过初次找正、一次灌浆、二次找正、二次灌浆、联轴节对中找正等多个步骤，方可完成机组的对中工作。

3.6.2　适用范围

适用于石油化工行业中聚丙烯、聚乙烯装置大型挤压造粒机组的安装。

3.7　机组油系统快速油循环施工技术

机组油系统快速油循环施工技术是通过清洗油路系统、变换循环的油温、向油系统加入惰性气体、增加油流量、提高油速度等措施，进而提升机组油循环效率，缩短油循环工期的施工技术。

3.7.1　技术要点

（1）在油循环达到相对稳定期时暂停，将系统中的油全部倒入干净容器中，彻底清洗油路。重点是油箱死角、油冷器（油冷器需进行抽芯检查及清理）、回流管盲管，然后重新注入润滑油。

（2）冷热交替循环冲洗：油循环过程中可多次对循环油进行升温、降温，对管道进行交替膨胀和收缩，有效地清除系统内的杂物；通过温度变化提升油循环效率。

（3）改变冲洗油的流动状态：间断开停油泵及关开油路阀门，使冲洗油在管内形成冲击，产生旋涡流动。向管内充入洁净、干燥的氮气或惰性气体，使冲洗油在管路内产生紊流，以提高冲洗效果。

（4）提高油的流速，加大冲洗油流量：全开油泵的出口阀门，增大油泵的出口流量；在满足技术文件要求和软管连接牢固的前提下，间断开启两台油泵同时参与油循环，提高油流速，实现机组油系统快速油循环清洗。

（5）使用滤油机对油箱里的润滑油进行在线过滤，加快清洁油站内部的润滑油。

3.7.2　适用范围

适用于石油化工行业大型机组油系统快速油循环施工。

3.8　单吸式两级双壳体离心泵检维修技术

单吸式两级双壳体离心泵结构形式为两级、单吸、两端支撑，采用双壳体结构，泵蜗壳内通常会有内衬里。对于输送介质固体含量较高时，内壳体衬里起承磨作用，外壳体起承压作用。该类型两级泵通常没有配置平衡管装置，口环、轴套等都易磨损。耐磨件磨损后，导致密封腔压力升高，密封寿命缩短。因耐磨件受损，泵效率下降，并出现超电流情况，一般设备运转一段时间（半年左右），需要进行维修。该技术是解决上述问题的检维修技术。

3.8.1　技术要点

（1）拆解

1）拆除泵体前端盖上左右两侧的大螺栓；

2）拆解后轴承箱；

3）拆除后轴端隔离密封盘；

4）泵体钟罩起吊，拆解叶轮，拆解级间隔板；

5）拆前段轴套锁紧机构，抽出泵轴；

6）拆除前轴承箱。

（2）部件修补检测：对损伤的部件进行修复、更换。

（3）部件回装

1）前轴承箱安装，泵轴安装；

2）安装级间隔板，安装叶轮；

3）轴泵及叶轮间隙测量，泵体钟罩吊装，后轴承箱安装；

4）前后机封进行紧固抱轴。

3.8.2 适用范围

适用于单吸式两级双壳体泵维修。

4 静设备

4.1 大型塔器分段组焊技术

大型塔器分段组焊技术是针对分段到现场的塔器，根据起重吊装条件，采用在地面组焊成整体吊装就位，或在基础上分段吊装、空中组焊的施工技术。在现场条件允许的情况下，首选分段塔器地面卧式组装，"穿衣戴帽"后整体吊装就位，实现"塔起灯亮"。

4.1.1 技术要点

（1）卧式组装

在塔器基础附近，设备起吊位置设置组装平台，采用成套托辊、自动焊等设备将分段塔器组对、焊接、检测，并按设计要求进行热处理和压力试验。平台不应有不均匀沉降，不锈钢塔器组焊平台应采取防污染措施。塔器"穿衣戴帽"后，采用大型起重设备整体吊装就位。

1）塔器组装前确认基准线及管口方位；整体组焊后，在壳体互成直角的两个方位检测其直线度，任意3000mm内允许偏差不大于3mm；全长允许偏差不大于（$0.5L/1000+8$）mm（L 为筒体长度）；

2）附塔管线、梯子、平台等随塔器一起吊装时，应满足吊车起重性能、抗杆距离等工艺参数要求。

（2）立式组装

将塔器基础段吊装、找正，临时固定后，依次将塔器其余各段逐件吊装、空中组对焊接、检测和找正、固定，并按设计要求对筒体焊缝进行无损检测、热处理及硬度检测，合格后进行整体压力试验。塔器的分段位置宜在平台上的500mm处，先在地面将每段上的梯子平台安装就位再吊装组对，第二节及以上可以利用平台进行组对和施工；因塔体结构原因分段位置处无正式平台时，搭设临时组对平台，合理选择吊车摘钩时机，以确保塔器设备不会发生意外碰撞或倾覆。

1）塔器在基础上分段组对，基础混凝土强度应不低于设计强度的75%；

2）塔器空中组对焊缝热处理可以采取局部或整体热处理两种工艺；

3）在地面严格控制塔器方位线偏差不应大于5mm，分段处圆度允许偏差不大于1%D_i（D_i 为筒体内径），且不大于25mm。

4.1.2　适用范围

适用于分段到货超限塔器的现场组焊施工。

4.2　大型静设备内件安装技术

大型静设备内件安装技术包括大型塔器塔盘分组安装技术、再生器和沉降器内件安装技术、丙烷脱氢（PDH）卧式反应器仙人掌接管制造技术及费托反应器内件制作安装技术。

4.2.1　技术要点

（1）大型塔器塔盘分组安装技术

根据塔盘总层数 N，设置 2 个作业组同时施工，并在每个分组处塔器内设置操作平台。

1）内部操作平台的搭设：第一段由设备底部封头处开始，第二段平台位置预定于 $N/2+2$ 层塔盘处，在满足 $N/2-1$ 层塔盘安装的同时，也可作为 $N/2+2$ 层以下的塔盘上料吊点。操作平台采用塔外预制、塔内组装的方法。操作平台在塔外预制成能从人孔放入的预制构件，安装过程中支撑小梁的支点与塔盘支撑环进行临时焊接固定，其余各构件之间采取螺栓连接板进行连接。顶部加设一根钢丝绳与平台中心设置的吊点连接、锁紧，确保整个平台有足够的刚度和稳定性。

2）塔盘安装：当塔盘层数 $N \geq 60$，分 2 个作业面同时进行塔盘安装，可大幅提高安装效率。

（2）"两器"内件安装技术

1）"两器"即再生器和沉降器，其内件包括主风分布管、旋风分离器、内部取热器等。现场散件到货，均需设计合理的"工装"，在地面组对平台上预制成片或段，过程中严格控制变形，保证其垂直度、水平度及椭圆度满足要求。组焊完成的内件一般采用大型起重设备整体吊装就位。

2）按照正确的方向和顺序安装，并精确测量内件安装尺寸，确保与再生器和沉降器的结构相适应。

（3）PDH 卧式反应器仙人掌接管制造技术

1）PDH 装置的核心设备——脱氢反应器具有操作温度高、处理量大、工况及介质复杂、温度频繁变化等特点，其"仙人掌"直径大，与筒体连接节点结构复杂。开发复杂相贯线热卷钢管节点制作工艺，采用数控切割相贯线提高接管零件的尺寸精度，确保精度可调可控。相贯线接管组对采用倒装法，将主接管法兰口朝下，用螺栓将法兰固定在工装上并找水平；根据相对位置，利用管口组对工装分别组对各支管，以保证各个管口之间的距离及平面度要求，减小组对的误差。

2）"仙人掌"接管现场安装时，利用锥体建模方式对主、支管相贯连接部位分析，精准定位相贯线。采用水平组对、铅锤线吊线方法保证铅锤与投影基准之间的距离，计算管口间在垂直方向的相对标高差，保证各个接管法兰面至设备中心的距离，降低操作平台的高度，提高组对效率。

（4）费托反应器内件制作安装技术

1）费托反应器是一种用于生产合成气和液体燃料等产品的设备。其内部有多个支撑管和填料层，通常由高强度、高温抗氧化的合金材料制成。费托反应器内件安装多为竖向多层作业，每层平面作业空间有限，内件结构复杂、相互交错且安装精度高，内表面平整度小于 $0.5\mu m$；内件管束焊缝均为固定口，焊接质量要求高，焊接空间狭小、焊口密集。

2）该技术采用"全挂钩可移动法（挂钩式可移动指挥平台、挂式可移动爬梯、挂式可移动吊框及挂式二次保护绳）"进行内件安装。使用专用工机具"内件专用弯管对口器"进行密集小直径管束对口，保证对口质量。采用氩弧焊焊接工艺，保证内件安装焊接质量。

4.2.2 适用范围

适用于化工装置大型塔类、反应器等静设备复杂内件的安装工程。

4.3 双金属壁储罐带顶提升施工技术

双金属壁储罐带顶提升施工技术是指内外罐均采用倒装提升工艺，先施工内罐，将外罐罐顶网架安装在内罐罐壁上，与内罐罐顶形成组合体同步提升，然后施工外罐罐壁及罐顶板的施工技术。

4.3.1 技术要点

（1）内外罐体材料检验合格后，按排版图切割预制，其中罐底的排版直径应按设计直径放大 0.1% ~ 0.2%；拱顶的顶板下料后，宜在胎具上拼装成形，拱顶梁采用冷拉热煨成型，承压环在大型冲压机上压制成型后应妥善保存，防止变形。基础经验收合格后，可铺设外罐底板：先自中心向外铺设中幅板，然后铺设边缘板。在外罐罐底组装焊接检查合格后，铺设绝热层，并做好防水处理；再铺设内罐底板，采用倒装法自上而下逐带组装内罐壁板。在第一带内壁板安装完毕后，铺设内罐吊顶，在内罐壁板上安装外罐罐顶网架，采用提升法安装内罐罐顶，调整吊顶拉杆。外罐罐顶网架及内罐罐顶安装完成后，用倒装法组装内罐。之后采用倒装法组装外罐，连接外罐壁板与外罐罐顶网架，利用外罐罐顶结构吊装下承压圈板。外罐罐底圈壁板纵缝焊接完毕后，提升筒体进行拱顶和壁板角焊缝组对，检测合格后拆除拱顶与内罐连接的临时支撑，进行底圈壁板环向焊缝组对焊接。随后铺设外罐顶蒙皮。随罐体施工进度完成焊缝无损检测，最后完成罐体附件安装、内罐充水试验、外罐气压试验、罐体真空度试验等工作。

（2）技术指标

1）抱杆有效高度应大于最宽一带壁板与提升用倒链最小长度二者之和，且应保证最宽一带壁板提升到位后，倒链受力中心线与抱杆中心线的夹角不大于 30°；

2）提升机具采用 10t 电动葫芦或 10t 倒链葫芦，抱杆和葫芦数量需根据罐体规格和图纸计算确定；

3）外罐顶板焊接成形后，用弧形样板检查，其间隙不得大于 15mm；外罐相邻两壁板上口水平度允许偏差不大于 2mm，在整个圆周上任意两点水平允许偏差不大于 6mm。圆度允差：最大直径与最小直径之差不大于 300mm，且从底板角焊缝上方 300mm 处测量的半径允差不超过 ±19mm（12m ＜ 储罐直径 D ≤ 45m）。储罐各圈壁板的垂直度允许偏差不应大于该圈壁板高度的 1/250，壁板的整体垂直度应不大于 50mm。

4.3.2 适用范围

适用于 30000m³ 以下双金属壁低温储罐的施工。对于 30000m³ 及以上双金属壁低温储罐，需要校核内罐罐壁承载外罐罐顶及内罐罐顶荷载的强度，在满足强度条件下方可使用。

4.4 全容式低温储罐施工技术

全容式低温储罐包括混凝土钢结合及双金属壁罐两种形式。该施工技术主要包括预应力混凝土外罐施工技术、混凝土储罐拱顶及内罐吊顶气顶升技术、金属罐体倒装法/正装法施工技术、低温钢壁板组焊以及内罐试压清洗和干燥预冷等系列技术。

4.4.1 技术要点

（1）预应力混凝土外罐施工技术

对大型低温罐承台模板支撑架采用可调节螺杆配合全站仪，实现筏板架空基础由厚变薄呈"Z"形平滑过渡；承台大体积混凝土采用分区对称、由内而外"间隔跳仓"浇筑，区块之间采用免拆金属模板；采用找平杆、红外线发射器和接收器等进行基础找平控制。混凝土外罐采用内侧弧形胶合模板＋外侧 DOKA 模板，爬模浇筑；拱顶混凝土采用分圈分区浇筑；钢制拱顶框架根据拱顶的弧度及长度精准计算拱顶预制胎架，将径向梁和环向梁放置在拱顶预制胎架上拼装焊接，成片后吊入罐内拱顶架上，达到与混凝土外罐同步施工，有利于控制拱顶制作精度，减少高空作业安全风险。

（2）混凝土储罐拱顶及内罐吊顶气顶升技术

安装采用由 T 形支架、导向滑轮和钢丝绳组成的气顶升平衡系统；组装采用由密封板、加强压板、压条、铝箔纤维布通过螺栓和密封胶带连接而成的密封系统；外配由 2~3 台发电机、鼓风机组成的风机系统；另外增加由 6~8 台智能测距设备，以及陀螺仪、压力测量仪等组成的自动测量系统等。顶升作业时，采用数台大型鼓风机向相对密封的储罐内鼓风，依靠空气浮力将储罐拱顶顶升到拱顶安装标高，并保持罐内一定压力，立即进行拱顶与承压环的焊接，将拱顶固定在承压环上，外罐拱顶安装完成。

（3）金属罐体倒装法 / 正装法施工技术、低温钢壁板组焊以及内罐试压清洗和干燥预冷技术

金属罐采用倒装法 / 正装法施工，智能化排版；壁板采用纵缝 SMAW 焊 + 环缝 SAW 焊或纵环缝 TT 焊的工艺焊接。采用 PT（液体渗透检测）、MT（磁粉检测）、RT（射线检测）、真空箱检测等方法检查底板、壁板等焊接质量合格后，用净水进行水压试验。试压合格后，采用"干空气干燥 + 压涨式氮气置换"的施工方法进行低温储罐的干燥置换，即先利用热的干空气进行吹扫干燥，当露点达到一定值后，再用氮气干燥和置换。

（4）技术指标

1）外罐基础周长上相距 10m 范围内任意两点的水平高差控制在 6mm 以内，整个基础平台上表面的水平高差不超过 12mm；

2）气顶升过程中拱顶水平度偏差 ≤ 200mm。

4.4.2 适用范围

适用于各类全容式混凝土钢结合或双层金属全容罐的制作安装。

4.5 大型覆土卧式储罐施工技术

大型覆土卧式储罐施工技术主要包括筒体工厂化分段预制和现场组焊技术、"模块化拆分热处理 + 残余应力热处理"技术、SPMT 液压模块运输技术、定位激光器辅助实现分载箱体与鞍座主体的准确对位技术。

4.5.1 技术要点

（1）根据储罐设计的总长度、直径等参数，结合钢板轧制、筒体加工制作、运输及吊装能力，设计储罐筒体排版及分段尺寸。尽量减少储罐筒体的分段及焊缝数量，

同时避免在储罐筒体底部 120° 范围内设置纵缝。

（2）筒体采用数控切割下料，经卷制、打砂、除锈及加强圈预制后分片运至现场组对焊接。封头由封头厂压制预组装合格后，运输到现场组对焊接。

（3）罐体的热处理采用"模块化拆分热处理＋残余应力热处理"的分段热处理工艺。封堵罐体表面的开孔及开口，在分段处加设临时挡板，在罐体表面适当处开设多个排烟孔。在罐内以轻柴油为主要燃料，液化石油气为辅助燃料，压缩空气为雾化源，通过现场制作环形布满小孔的专用燃烧器和特制的导流装置，保证燃烧过程中供氧充分、连续燃烧、气流方向正确，实现罐体表面均匀加热，罐外保温严实。

（4）覆土罐采用 SPMT 液压模块装置运输。顶升鞍座底部焊接有带定位孔的定位块，分载箱体内的千斤顶连接有支撑板，支撑板上安装有定位柱。摆放分载箱体时，通过定位块内的定位激光器及定位柱上的激光标识来实现分载箱体的准确定位，利用千斤顶将定位柱与定位块插接对位，进而实现分载箱体与鞍座主体的准确对位。顶升鞍座安装好后，接通配电箱、泵站、油管等设备，控制顶升鞍座内的千斤顶，将覆土罐整体向上顶升就位。

（5）罐体顶部敷设分布式光缆，实现罐体在承压条件下的变形和温度实时监控。

（6）技术指标

1）筒节对口错边量 ≤ 3mm；

2）筒体直线度：任意 3000mm 内允许偏差不大于 3mm；全长允许偏差不大于（0.5L/1000+8，L 为筒体长度）mm；

3）设备运输地基坡度不大于 1%，承载力核算满足要求。

4.5.2　适用范围

适用于大型覆土卧式储罐制造及现场安装。

4.6　球罐无中心柱组装施工技术

球罐无中心柱组装施工技术是在球罐内部设置悬挂式支架代替原满堂式脚手架或带中心柱的伞形脚手架，以实现各带板的组对焊接的施工技术。其特点是挂架可重复利用，施工效率高，成本低。

4.6.1　技术要点

（1）球壳板检验除按照现行国家标准《球形储罐施工规范》GB 50094 进行球壳板几何尺寸检查外，还应增加弧长检查内容，以提高球壳板检测精度。

（2）通过球罐基础中心圆结合柱腿中心距测量方法，精确定位球罐柱腿位置。

（3）球罐组装前，在球壳板上设置悬挂式支架，悬挂式支架使用三角形结构。相同球罐之间采用筋板焊接连接，支架设置扶手栏杆便于安全防护，表面铺设跳板用于行走，层间安装爬梯，通过中心井字架提高支架强度，代替原满堂式内部脚手架。

（4）第一块带柱腿赤道板吊装前，按中心等分位置在两段支柱端上各焊好等分的定位螺栓孔板 3 个。先依次吊装带柱腿板，并按要求将其与下段支柱按中心线对中，锁紧螺栓，用拖拉绳将赤道板锚固并使之略往外倾斜，再吊装中间无立柱赤道带板，然后按相邻一块柱腿板、一块中间板的顺序依次完成所有赤道带板的吊装、固定。注意预先在赤道带球壳板测量中确定球壳板经度方向中点，通过中点定位组对赤道带，将赤道带球壳板制造偏差均匀分配到上下口；整体闭合后，再对已完成的赤道带进行组对间隙的调整。

（5）吊装第一块下极边板，上口用卡具与赤道带固定，下口用倒链及钢丝绳拉在赤道带上弦口外侧的吊耳上。组装前，赤道带下口以第一块下极边板安装位置为起点，将赤道带下口圆分为四等份，用记号笔标注，依次组装下极边板。检查下极中板的预留尺寸满足组对要求后，下极中板可暂不吊装，待罐内焊接作业结束后，再组装焊接。

（6）吊装上温带板时，将赤道带上口圆分为四等份，将组装累积偏差分配到每块球壳板，减小顺序排列造成的球壳板定位精度误差。最后吊装上极带，上极边板吊装完后，先调整其与上温带的环缝，后调整纵缝，然后吊装上极侧板及上极中板。在球罐组装完毕后，进行球罐二次间隙调整，柱腿拉杆紧固和球罐内部紧固。

（7）技术指标

1）支柱垂直度 $H \leqslant 8000\text{mm}$ 时，偏差 $\leqslant 10\text{mm}$；$H > 8000\text{mm}$ 时，偏差 $< 0.15\%H$，且不大于 15mm；

2）球罐组装赤道带水平误差：每块球壳板的赤道线水平误差 $\leqslant 4\text{mm}$，相邻两块球壳板的赤道线水平误差 $\leqslant 5\text{mm}$，任意两块球壳板的赤道线水平误差 $\leqslant 6.0\text{mm}$；

3）对口错边量 $< 1/4t$（t 为球壳板厚度），且不大于 3mm。

4.6.2 适用范围

适用于 2000m³ 以上大中型混合式球罐的现场组装。

4.7 卷帘型干式气柜施工技术

卷帘型干式气柜是指借助柔性密封与可移动活塞连接，不使用水和油脂等液体及半液体，使气体可以在干燥状态下存储的气柜。卷帘式干式气柜施工技术是根据其结构特点及现场条件，采用塔式起重机、立柱结合电动葫芦等方法吊装和提升构件、柜顶；利用立柱平台支撑和吊篮完成壁板组对焊接，并对密封膜吊装等工艺进行优化的施工技术。该技术有利于提高施工效率，保障施工安全和制作安装质量，降低施工成本。

4.7.1 技术要点

（1）检查基础中心标高、支承罐壁的环梁标高及水平度、基础沥青砂层表面平整密实度和坡度，满足设计及标准要求。

（2）气柜底板、活塞板、活塞环板、柜顶梁等构件严格按照图纸要求排版，采用机械方法剪切下料，经检验合格后放在专用胎具上，以防变形。

（3）依次完成气柜底板放线、底边缘板垫板铺设、底边缘板组对、中幅板铺设、龟甲板铺设、大角缝组对、收缩缝及剩余罐底焊缝组对工作。

（4）在柜底板安装试验合格后方可铺设活塞板。活塞板安装前在每个活塞支架下加一块 10 mm 厚的临时垫板，临时垫板与正式垫板点焊固定；待活塞板铺设、焊接完毕后，再安装混凝土坝和活塞支架；活塞板检验安装完毕后，对所有焊缝进行真空度检验；在活塞环梁组装完成后，即可安装顶板临时中心伞架；随后依次安装柜顶拱梁、铺设、焊接顶板。

（5）壁板安装检验合格后，采用若干台倒链，先进行外膜的安装，再进行内膜的安装；先进行橡胶膜上口的安装，再进行橡胶膜下口的安装。

（6）密封膜吊装就位后，各处应松紧一致，无褶皱。经检查合格后，方可进行密封膜黏接和螺栓紧固施工。

（7）用鼓风机向气柜内充气使活塞徐徐上升，分段进行气柜试升；气柜活塞升至最高位置后，打开阀门，活塞渐渐下降，进行气柜试降；在活塞上升过程中，将肥皂水涂在壁板和活塞顶板焊缝上，进行气密性试验。

（8）技术指标

1）内外橡胶膜安装过程中要防火、防刺，并保证起吊过程均匀受力；

2）中央圈梁在活塞位置水平度径向偏差不大于 5mm，径向主梁、环向主梁在活塞位置间距偏差不超过 10mm；

3）气柜升降试验中检查活塞的水平度，其误差不得超过气柜直径的 1/1000。

4.7.2 适用范围

适用于各类卷帘型干式气柜的现场制作安装。

5 工业炉窑

5.1 天然气转化炉施工技术

天然气转化炉是合成氨装置、甲醇装置的核心设备，具有体积大、质量重、结构复杂、施工工序多、施工程序性强、工期长等特点。天然气转化炉施工技术是采用科学的施工方法和先进的技术，以保证转化炉安装质量和进度，并可节约施工投入的施工技术。

5.1.1 技术要点

（1）设备、材料、构配件的验收与分类保管：转化炉包含炉体结构、转化管、上下集合管、上下猪尾管、燃烧器、门类部件、筑炉材料等，种类繁多，需要按照到货清单和装箱单，以及设计图纸和规范要求、制造厂家说明书，逐一进行数量清点、质量验收、办理入库登记、做好材料标识。按照区域和施工程序分类摆放，特殊材质的构件需要按照规范进行光谱检测。

（2）辐射段炉体结构组装：为减少现场占地，加快工程进度，降低工程成本，应尽可能加大预制深度。为减少高空作业量，预制件运到现场后，在地面组对平台上进一步组片、分片组装、分片校正、分片吊装、整体调整、对称焊接。辐射段墙板组片过程中和吊装就位后，要严格控制宽度、高度、对角线、平整度、垂直度的偏差。辐射段整体组装成型并验收合格，且采取有效防变形措施后方可进行密封焊。

（3）对流段吊装：对流段按模块供货，吊装时要采用多点均布受力的框架平衡梁吊装，避免对内衬造成损坏。模块安装前对连接面螺栓孔应进行仔细检查，模块吊装连接时四周应均匀布置安装人员，用试孔器控制模块对接找正。安装中注意对各位置耐火密封材料的保护，确保达到密封效果。

（4）热管系统安装：转化管应保证内部洁净，外部不得擦伤、划伤，按顺序吊装，吊装时确保不出现塑性弯曲变形，转化管间距和垂直度应控制在允许误差范围内；进口系统的上集气管在地面组对后整体吊装，安装时注意方向正确，上猪尾管依次逐根吊装，不得强力组对，猪尾管与承插管座组对时可通过加设 2mm 纸片方式保持间隙，每焊接一层都要着色检查；出口系统的输气总管应先分段分层内衬，然后组焊，在焊口处补衬；输气总管的三通安装定位后，进行下集气管与三通的组对焊接，下猪尾管安装方法与上猪尾管相同。上、下猪尾管和炉管的焊缝执行 100%RT+100%PT 无损检测，输气总管的焊缝执行 100%UT+100%PT 无损检测。

（5）燃烧系统的安装：燃烧器应逐个检查，确认供气管畅通，烧嘴完好无堵塞，风量调节板转动灵活等。每组燃烧器配接燃气管和助燃空气管分别与各自系统连接。

（6）烟囱制作和安装：烟囱的制作安装一般有两种方案，可采取分段制作、分段浇筑耐火材料、分段吊装方案，或地面预制、地面浇筑耐火材料、整体吊装方案。应根据现场场地及吊装能力情况择优选择。

（7）炉管配重平衡系统安装与调整：进行系统平衡时，应以设计文件规定的配重平衡为主，同时兼顾炉管组合件垂直度及跨管管口方位。平衡系统调整完成后，吊架轴销低于吊炉管轴销，保证热态运行吊架处于水平状态。安装炉顶中心盖板时，应保证炉管周围的间隙，以便炉管在高温运行条件下移动不受限。

（8）炉管催化剂安装：应本着同质量、同高度、压降不超过规定值原则装填并验收。热氮试运行结束后，根据装填方案，装填前应准确称重，装填时适当振管，并准确测量各炉管每种催化剂装填高度。在空管时、下段催化剂装完且床高合格时、中段催化剂装完且床高合格时、上段催化剂装完且床高合格时，分别对全部炉管进行一次阻力降测试，算出全炉各管平均阻力降，保证单管阻力降与平均值差值在 ±5% 之内，合格后方可进行下一步安装。

5.1.2 适用范围

适用于天然气制合成氨一段转化炉、甲醇厂制氢转化炉、炼油厂制氢转化炉等同类炉型的组装工作。对于其他石油化工装置、炼油装置的加热炉、裂解炉等的施工也具有参考价值。

5.2 超大型气化炉现场组装技术

气化炉是气化装置的核心设备。大型气化炉是由气化段和废锅段组成。废锅段是由外壳、外筒水冷壁、内筒水冷屏组成。大型、超大型气化炉的整炉外形尺寸可达 $\phi 5200mm \times 50000mm$，炉重近 1000t，且需要安装就位在混凝土框架内。受运输条件和现场安装条件限制，需要在工厂分单元制作，运输至安装现场进行组装。该技术是针对超大型气化炉结构复杂、外形尺寸大、技术要求高等特点，完成现场组装的施工技术。

5.2.1 技术要点

（1）废锅段外壳安装：重点应控制好标高、垂直度、管口方位、设备中心线位置等关键指标的安装偏差。

（2）水冷壁和水冷屏吊装：需要预设吊装梁作为两组部件的临时固定措施，外筒水冷壁和内筒水冷屏吊装后，通过调整吊装梁上垫铁来调整水冷壁和水冷屏高度及位置。在套装过程中，依次检测外壳、水冷壁、水冷屏中心轴线，确保三者同心度。同时，检查纵向抽检补强管口与振打盒、振打砧板组件的位置，确保组件位置准确。

（3）水冷壁、水冷屏密封环板安装：作业人员自人孔进入外筒／内筒上集箱处，进行环板装配、焊接。

（4）水冷屏引出管、引入管组件安装：作业人员自人孔进入内部，装配水冷屏引出管空间管，去除余量，加工坡口，装焊空间管，探伤；装配焊接引入管组件，提前在壳体外将接管支撑环组件与水冷屏引入管组件预组装，然后在壳体内将水冷屏引入管弯头与管子进行装焊之后，方可割除临时固定措施；吊运水冷屏盘管就位，就位时确认每个管口对应方位，就位后焊接；所有管子可先进行试装，去除余量，加工坡口，之后进行装焊，探伤；装焊水冷屏盘管组件短节筒体与冷却锥下连接环。上述工作完成后，割除所有临时支撑。

（5）气化段安装：在废锅上组对气化段。吊装气化段组件前，在筒体反向法兰处布置四根引导螺栓，便于引导气化段组件定位，并检测气化段与废锅段中心线重合。

（6）合成气出口密封组件安装：将密封组件分成四块，分四次安装。每次由铆工进入设备，将一块密封组件按图纸定位，并用专用工装固定，再换焊工入内完成焊接，反复四次装好一处密封组件。

（7）旋风分离器、破渣机安装：气化炉与旋风分离器、废锅与破渣机直接由法兰连接。设备法兰制造精度要进行预验收，确保各设备组件顺利组装。

（8）其他：为保证设备整体气密性，可与设备厂家协商在气化段及废锅段等法兰间增加焊唇密封结构；法兰组对后，对称安装两个或两个以上螺栓预紧；然后进行焊唇密封焊，施焊后，安装并拧紧所有螺栓。

5.2.2 适用范围

适用于大型气化炉的现场组装。

5.3 乙烯裂解炉筑炉并进法施工技术

乙烯裂解炉筑炉并进法施工技术是在裂解炉辐射段、过渡段和弯头箱、集烟罩、烟道地面预制组装过程中，采用多个作业面同时并进筑炉衬里的一种施工技术。主要特点是筑炉衬里工作尽可能在地面完成，可多点同时进行衬里施工，安装就位后焊口处补衬，可有效缩短施工工期，提升筑炉衬里质量，降低安全风险。

5.3.1 技术要点

（1）辐射段与过渡段筑炉衬里：可采用三维建模技术，辅助衬里排版施工。炉底采用轻质浇筑料或耐火砖，施工方法为机械搅拌、人工浇捣或手工砌筑；辐射室下段采用保温板、轻质隔热砖及耐火砖三层砌筑，施工方法为手工砌筑；辐射室上段、炉顶、过渡段采用人工安装陶瓷纤维甩丝毯及陶纤模块。浇筑材料一般平放施衬，膨胀缝采用木模一次成型。

（2）对流段、弯头箱、集烟罩与烟道衬里：对流段、烟道等采用人工支模浇筑轻质浇筑料，在地面施衬。烟道衬里可采用每120°三次浇筑法，安装就位焊接后进行焊口补衬施工，最大限度地减少高空作业，减少仰衬。

（3）看火孔等门类衬里：由轻质耐火砖现场加工成异形砖。宜采用三维建模技术，计算出每块砖的加工尺寸与角度，统一尺寸批量加工，节省人工和机械费用，保证看火孔异形砖的施工质量。

（4）膨胀缝留设与填充：按照设计要求尺寸留设，位置正确，边缘齐整，充填密实、饱满牢固。

5.3.2　适用范围

适用于裂解炉、制氢转化炉等大型工业炉的筑炉衬里施工。

5.4　大型炼焦炉筑炉施工技术

炼焦炉筑炉是炼焦炉安装中最核心、最关键的施工工序。炼焦炉内部结构复杂，功能区多，特异形砖种类多，砌筑量大，砌筑质量直接关系炼焦炉的运行质量，砌筑进度直接影响焦化项目的总进度。该技术通过统筹施工与质量检查，统筹作业时间和作业空间，进行施工资源和工序优化，确保筑炉施工质量和进度双受控。该技术成功应用于焦炉炭化室高6.25m以上、双联火道、蓄热室分格的复热式大型炼焦炉。

5.4.1　技术要点

（1）施工准备：进行深化设计和预砌筑，解决设计和耐材的缺陷，保证砌筑系统的合理性，确保正式砌筑能够顺利进行；上料、砌砖平台使用脚手架搭设，应充分考虑便于砌筑施工、材料运输和人行通道安全。

（2）施工组织：采用全炉性的两班制组织施工，即全炉性的白班砌砖、夜班上砖"三天一循环"的施工工艺。每两道燃烧室墙为一组，配砖、上砖、清理、回收，均与砌砖交替进行，互不干扰，便于管理。

（3）过程质量管控：执行自检、互检、专检的三级质量检查制度，运用程序化、制度化、规范化、图表化、文明化"五化"管理手段，实行"层层砌筑，层层勾缝，层层清扫，层层检查验收"的施工方法，严格进行炼焦炉全过程、全工序施工质量控制。

特别是立火道和炭化室墙面施工精度控制；砌体外形几何尺寸的精度控制，保证炉铁件安装；砌体的气密性控制，防止各室气体窜漏；各中心尺寸及孔洞的位置尺寸控制等，减少系统偏差。

5.4.2 适用范围

适用于大型炼焦炉筑炉施工。

5.5 焚硫炉砌筑施工技术

焚硫炉是硫黄制酸项目主装置的核心设备，一般为圆筒形卧式带衬里设备，炉内运行温度高达1200℃以上。焚硫炉内部衬里砌筑质量直接影响设备运行周期和使用寿命，该技术是针对焚硫炉指标要求特点，有助于实现设备长周期安全稳定运行的施工技术。

5.5.1 技术要点

（1）设备内壁除锈防腐：必须满足国家、行业相关标准、规范要求。

1）石墨烯水玻璃涂刷后，封闭人孔，防止返锈；

2）纤维纸接缝处应使用美工刀画线切割，不得使用腻子刀；缝与缝应搭接紧密，不得留有空隙。

（2）胶泥施工：耐火砖砌筑使用PA-80胶泥，保温砖砌筑使用NN-38胶泥。两种胶泥在试验前都应做初凝试验。

（3）保温砖施工：砌筑顺序为从炉尾至炉头，按要求留设膨胀缝，其位置应避开砌体中的孔洞并进行预排砖，且上下层保温砖膨胀缝位置应错开。

（4）拱胎模支设：保温砖的高度砌到炉高度的2/3时可以开始支设，高于半径的部分也应搭设斜拱支撑腰部，防止起拱时腰部滑模变形。拱胎模可做成整体或分片，支撑面使用模板切割成条状铺设，并留有微小间隙以观察起拱后的状态，出现偏差时及时用斜木楔进行调整。拱胎模制作时应有足够的刚度。拱胎模制作宽度一般为350～500mm。

（5）锁砖施工：锁砖处必须用稀胶泥砌筑，锁砖及其左右各三块砖不得加工，相邻两环锁砖的位置应错开。锁砖打入时，使用木槌或在表面垫木条用铁锤敲打。

（6）耐火砖施工：破损面及加工面不得放在迎火面上。砖与砖间隙为2～3mm，层与层间隙为5mm。砌体应错缝砌筑，做到砖砖相错、层层相错、环环相错，且砌体灰浆应饱满，达到90%以上。拱顶砌筑时，每砌筑完一模耐火砖应在耐火砖上部涂抹胶泥，操作必须仔细，砖缝之间不得留有空隙。

（7）浇筑料施工：搅拌好的浇筑料必须在 30min 之内浇筑完，或根据产品使用说明书在规定的时间内浇筑完，若发生初凝结块现象不得使用。振捣浇筑料时表面应有稀浆出现，且分层密实，不得漏捣。

5.5.2　适用范围

适用于硫黄制酸项目焚硫炉砌筑施工。

5.6　基于三维建模基础上的工业炉窑陶瓷纤维模块衬里技术

裂解炉、加热炉、转化炉等大型工业炉窑一般是由辐射段、过渡段、对流段、烟囱等部分组成。其中辐射段、过渡段大多采用陶瓷纤维模块衬里。该技术是根据设计提出的筑炉设计参数，基于三维建模技术进行炉衬详细建模设计基础上的施工技术。该技术有利于陶瓷纤维模块定制化采购，并因建模设计细化到每一块陶瓷纤维模块的尺寸，避免炉体转角部位砌筑过程中因尺寸不明造成筑炉缝隙，有利于提高炉衬施工质量和进度。

5.6.1　技术要点

（1）建模：根据设计单位提供的筑炉设计参数，利用三维建模技术进行炉衬详细建模设计，细化到每一块陶瓷纤维模块的尺寸，避免砌筑过程中炉体转角、燃烧器和门类等部位因尺寸不明造成筑炉缝隙。可据此定制陶瓷纤维模块并指导施工。将施工过程中的大量工程量转为工厂化模块制作，有利于现场筑炉施工进度和质量的控制。

（2）炉壁板除锈：施工前对炉壁板除锈，达到规范要求。

（3）锚固件布线与焊接：按照模型排版图，在炉壁板上放线，标出锚固螺栓焊接点排布位置。焊接时注意保护锚固螺栓螺纹。锚固焊接质量、丝扣质量应逐一检查，防止锚固不牢，尤其是炉顶位置应着重检查。

（4）涂高温防腐层：按图纸要求涂刷高温防腐层。

（5）陶瓷纤维模块安装：按模型排版图，将模块中心孔对准导向管，垂直炉壁将模块均匀用力推入，使模块紧贴炉壁，使用专用工具旋紧螺母锚固。陶瓷纤维模块中心套筒取出后，应检查中心孔是否会闭合，若不能闭合，使用人力将中心孔周围毯子挤压或者在孔内塞陶瓷纤维棉将孔填满。剪掉模块打包带，拔出木板，拍平修正模块。模块按折叠压缩方向依次同向顺排，为避免不同排模块之间高温后纤维收缩出现缝隙，需在两排模块非膨胀方向安放同温度等级的补偿毯。

（6）炉衬修整及表面固化剂喷涂：整个衬里安装完毕后，应从上到下进行修整，并在炉衬表面喷涂一层耐高温固化表面涂料。

（7）陶瓷纤维模块的生产工艺采用机械折叠、液压机挤压、带锯机切割，几何尺寸规整，可有效避免炉衬热泄缝的产生。塑封包装外观美观，而且对模块表面起到有效的保护作用，避免施工过程中对纤维模块表面的破坏，同时改善施工作业环境。

5.6.2　适用范围

适用于使用陶瓷纤维模块衬里的工业炉窑衬里施工。

6 工艺管道

6.1 管道工厂化预制施工技术

管道工厂化预制施工技术是应用管道自动化加工及焊接设备，通过信息化手段对图纸进行深化处理及材料自动匹配，运用系统管理平台对管道加工、焊接、检测及资料等数据进行管理及分析，达到管道自动化焊接、信息化管理、工厂化预制目的的施工技术。

6.1.1 技术要点

（1）管道工厂化预制应根据项目的总体焊接工程量、项目特点、管道特性和场地外部条件等因素确定管道工厂化预制场的规模，制定工厂化流水加工工艺，统一规划材料库房、材料堆场、预制场地、成品堆场及防腐场。

（2）通过计算机完成单线图识别，生成焊接数据库，确定管道预制深度，确定管道及管配件制作单元，绘制加工图进行加工预制；通过系统管理平台对材料的匹配、发放，管段加工、焊接、无损检测及成品出库等进行管理。

（3）预制厂采用内部布置行车的钢结构厂房，配置氩弧＋埋弧一体化自动焊机、纯氩弧机动焊机、锯床、大口径管道坡口机、内涨式或卡盘式坡口机及电焊机、热处理、无损检测等设备；厂房外布置门式起重机、叉车，原材料及成品堆放区可用混凝土硬化或平整压实后铺碎石，达到无土化施工效果。

（4）所有管道均采用机械加工坡口；管道壁厚在 5mm 以内可采用氩弧焊焊接工艺；壁厚大于 5mm 可采用氩弧焊打底和埋弧焊填充盖面焊接工艺。

（5）在管道预制厂内完成预制管道的防腐、加工、焊接、热处理、无损检测及标识全部工作，根据施工现场进度将预制好的管道运输到施工现场安装或在预制厂分区存放，做到集中下料、批量预制、集中配送。

6.1.2 适用范围

适用于现场可集中加工预制且预制量大的管道工程。

6.2 多晶硅管道内洁净度控制施工技术

多晶硅管道内洁净度控制施工技术是针对电子级多晶硅洁净管道"无油、无水、无尘"的洁净化施工要求，通过对管材、管件的清洗、存放、预制、安装等过程的洁净度控制，进而达到控制管道内部洁净度要求的施工技术。

6.2.1 技术要点

（1）多晶硅工艺管道清洗主要采用循环法、浸泡法、擦拭法等方法。

（2）管材、管件、阀门到达施工现场后，应采用浸泡法中性除油除锈技术，利用络合原理进一步完成除油除锈；经中和后采用高压纯水冲洗，然后用无油、无水、无尘的压缩空气进行干燥；最后进行成品保护。

（3）清洗后的管道组对、焊接应在洁净室内完成，洁净室应达到防风、防尘要求；管材及管件的所有切割、清洗工作应在专用区域使用专用工具进行。

（4）管道焊接采用全氩弧焊焊接工艺。焊接前，焊缝两侧应用脱脂液清洗，然后用无尘布擦拭干净，定位焊及焊接时应设置内部气体保护装置防止焊缝氧化；组对时的错边量、焊缝宽度、焊缝内外凹凸量应符合要求；管内焊缝变色度目测应为合格颜色。

（5）预制好的管道采用循环法进行清洗，并封闭保护；管线预制、安装时，人员要戴洁净手套，避免人为因素对整个系统的污染。

（6）管道安装后及时进行试压、吹扫，试验介质为无油压缩空气或氮气，管道吹扫压力宜为 0.6 ~ 0.8MPa，且不超过设计压力。

6.2.2 适用范围

适用于多晶硅工业生产中直径 DN600mm 以下有内部洁净度要求的管道施工。

6.3 大直径交变荷载管道弹簧支吊架安装调试技术

弹簧支吊架主要用于在运行中产生热位移的管道组成件及设备。根据管道受力情况计算确定的弹簧支吊架工作和热位移要求，弹簧支吊架出厂前在制造厂应进行整定，即弹簧预压并锁定冷态荷载位置，同时标注冷态时的理论工作位置。该技术是当弹簧支吊架安装到管道和设备上后进行调试，达到弹簧实际承载满足设计要求的冷态荷载的施工技术。

6.3.1 技术要点

（1）冷态调零：管道安装保温施工后，在无位移的结构上装设一个指针到支吊点的管中心处，并做出刻度表，中心点零处为冷态的实际负重点。当刚性支架变成弹簧支架时，把弹簧压紧或放松使指针调到零位，此时弹簧的承受力等于实际荷重。

（2）热态调零：管系升温后，逐一调整弹簧，回调至冷态的弹簧压缩值，校核设计中的热位移值。在整根管系中如有刚性吊架，发现热态拉杆松动应及时与设计单位商议，更换支吊架或更改支吊点。

（3）记录每个弹簧的冷热压缩值。

（4）技术指标：

1）弹簧两端应有不少于 3/4 圈的拼紧圈，两端磨平部分不少于圆周的 3/4；

2）弹簧的节距应均匀，节距偏差不应大于 0.1（$t-d$），其中 t 为节距，d 为钢丝直径，且在最大压缩值范围内，弹簧的工作圈不得相碰；

3）弹簧的两个端面应与轴线垂直，弹簧倾斜量不应超过自由高度的 2%；

4）弹簧安装前应进行刚度测定，必要时做全压缩试验。弹簧压缩到极限状态保持 5min，卸去荷载后，永久变形量不得超过原自由高度的 2%，如超过规定，应进行第二次全压缩试验，两次试验的总永久变形量不得超过原自由高度的 3%。

6.3.2 适用范围

适用于大直径、高温管道弹簧支吊架安装调试安装工程。

6.4 高压乙炔填充管工厂化预制技术

乙炔属于甲类可燃气体，可与空气形成爆炸性混合物，在一定压力下有瞬间突然爆炸的危险，如遇受热、振动、火花、静电等因素也可引发爆炸。乙炔管道介质压力、管径的大小以及长度都是影响乙炔分解爆炸程度的因素。通过在乙炔管线内填充管束，使气流能够匀速、均匀地通过管线，气压得到重新均匀分布，进而降低爆炸风险。该技术是通过在预制厂完成乙炔管道的加工、填充、焊接等工作，从而提高管道填充效率，保证施工质量的施工技术。

6.4.1 技术要点

（1）施工流程：直管段下料→统计各部件制作数量→根据统计数量分别对弯头、三通等管件放样划线→按划线进行切割→打磨坡口、清除毛刺及内壁→填充小管进行切割→小管间逐一点焊→小管与主管内壁进行点焊固定→形成一个完整的部分单体→标识→与弯头三通直管等组成部件→焊口着色或无损检测→组对安装。

（2）弯头制作：取两个短管做母管，将小管填充满短管。切 45° 斜切面，将倾斜面母管切口二维展开曲线通过放样图制作曲线切割模板，进行曲面切割。填充管端部低于主管截面 3～10mm。填充管点焊，将两个母管点焊，填充管与母管内壁点焊固定，倾斜面母管进行焊接并检验。

（3）其他管件方法同弯头，预制好的管道组成件需做好标识。

（4）技术指标：

1）弯头、三通等管件开孔处均需保留 6～8mm 的间隙，满足乙炔在管件处再次均匀分布；

2）保持清洁，防止小管被堵。

6.4.2 适用范围

适用于高压乙炔填充管道工厂化预制工程。

6.5 高压自紧式法兰施工技术

高压自紧式法兰是一种具有自我增强密封和压力增强密封特性的全金属密封连接件。其特点是体积小，质量轻，安装简单，定位时不需要螺栓孔对位，可低扭矩安装。一套高压自紧式法兰是由两个套节、一对卡套、一个密封环、四套球面螺母／螺柱组成的紧固组合。该技术是保证高压自紧式法兰安装质量的施工技术。

6.5.1 技术要点

（1）套节与管道焊接必须在卡套拆除状态下完成。焊接过程中严格控制焊接线能量，应采用对称施焊等方法控制焊接变形量，并在每层每圈焊道焊接完成后测量一次套节端面垂直度，如有偏差应及时调整；焊接及热处理后，再次检查套节垂直度。

（2）安装严格按照材料使用位置定位、预组装、点焊、拆除、焊接、正式回装的施工顺序进行；每一道接口按照动设备无应力配管的要求进行检查和验收。

（3）操作要点：

1）安装时必须保持两接管的同轴度，垂直于管轴的套节端面平行度不得超过允许误差。安装上的密封环应可轻轻晃动，密封座和密封环间的平行度差应符合要求；

2）组装时应按照交叉紧固的方式紧固螺栓，整个装配和紧固过程中卡套内侧与接管之间的间隙、两片卡套之间两侧的间隙应相同。扭矩数据应达到要求，可用橡胶锤等软锤敲击卡套，紧固螺母，重复敲击、紧固过程三次以上。拧紧后，每一螺栓外露长度也应保持相同。

（4）技术指标：

1）套节密封面平行度 ≤ 0.4mm。

2）法兰连接前清洁垫环密封面，确保没有杂质残留。在焊接与热处理过程中，需制作安装临时垫环，以防正式垫环受热变形，影响密封。

3）在螺栓紧固过程中，要逐步加大扭矩，确保每个螺母接触紧密并均匀受力。

6.5.2 适用范围

适用于石油化工高压、高温及有振动工况的自紧式法兰管道安装工程。

6.6 夹套管施工技术

夹套管施工技术是应用深化设计、集中预制、转动焊接、预留调整段、连续安装的夹套管制作与安装的施工技术。

6.6.1 技术要点

夹套管是以先主管后支管、先内管后外管的基本顺序施工。

（1）施工程序：图纸会审及深化设计→材料采购验收→管件附件剖切加工→内管下料→定位块及挡板焊接→外管下料及跨接管接口开孔→外管及非半管管件套入→内管分段焊接及检验→内管分段试压→管道安装焊接检验→内管试压吹扫→外套封焊及跨接管安装检验→外管试压吹扫。

（2）深化设计：根据设计图纸管道走向及安装位置确定管道预制分段方案进行深化设计；内管管件均采用成品对焊管件，外管管件采用成品或非标对剖管件。

（3）分段编号：将夹套管线分段编号，采用计算机模拟技术减少焊缝数量，采用精加工定位块并对外套弯头管件进行剖切，保证内外管的同轴度；采用集中预制工艺，在专用场地预制和组装，提高管道清洁度和组对准确性；焊接采用转动口焊接，减少现场固定焊口。

（4）操作要点：

1）内管外壁焊接与其同材质的定位块，定位块与外管内壁间隙以 1~1.5mm 为宜，定位块的布置及安装间距应符合设计及规范要求；

2）外管下料时在相邻两分支点间或相邻两弯头间留 50~100mm 长可调整半管，调整管段的接缝位置应避开套管开口处，直管段内外管同时预制安装；

3）内管对接焊缝采用氩弧焊或氩电联焊，外管对接焊缝采用氩电联焊，角焊缝采用焊条电弧焊，内外管的焊缝应相互错开，不得在同一截面上；

4）安装外管前应进行内外管的清洁度检查，外管及管件定位焊接顺序：先纵缝后环缝；先焊收缩量大的焊缝，后焊收缩量小的焊缝，内管仪表一次部件、排放等部位的外管应与内管一同制作；

5）外管跨接管开孔宜在外管套入内管前进行，跨接管安装应符合气体介质高进低出、液态介质低进高出的原则；

6）夹套管的吊杆及导向或滑动支架安装应按位移要求安装；

7）夹套内管预制完成采用分段试压法，内管安装完毕并检验试验合格后，进行外管封闭及试验。

6.6.2 适用范围

适用于石油、化工等行业的各种介质、各种材质的夹套管线的制作安装。

6.7 氧气管道施工与脱脂技术

由于氧气是强烈的氧化剂和助燃剂，氧气与可燃气体按一定比例混合后，容易发生爆炸。氧气压缩后在管道中输送，如有油脂、铁屑或小颗粒可燃烧物存在，则可能会因碰撞产生局部高温，导致油脂或可燃物燃烧，被饱和氧气包围的易燃物与火种接触会立即着火，引起强烈燃烧。该技术是采取安装前集中脱脂、去除缺陷、组装过程中严防污染等系列工艺，以消除上述风险隐患的氧气管道施工技术。

6.7.1 技术要点

（1）管道安装时，应检查法兰密封面和密封垫片，不得有影响密封性能的斑点等缺陷。

（2）所有焊口应检查焊缝内壁平整度，不得有焊瘤和超范围余高。

（3）应设置导除静电的接地装置。

（4）氧气管道试压时，需使用无油试验介质，水泵必须除油，空气应采用无油空气压缩机压缩。

（5）脱脂后应及时将脱脂件内部的残液排净，并应用清洁、无油压缩空气或氮气吹干，不得采用自然蒸发的方法清除残液。当脱脂件允许时，可采用清洁无油的蒸汽将脱脂残液吹除干净。

（6）脱脂剂应存储在通风干燥的仓库中，不得受阳光直接照射，且不得与强碱、强酸或氧化剂接触。

（7）脱脂剂溢出地面时，溢出的脱脂剂应用砂子吸干，并收集到指定的容器中。

（8）技术指标：

1）管道对口时，内壁应齐平，内壁错边量不宜超过管壁厚的10%，且不得大于2mm。镍合金氧气管道内壁错边量不超过0.5mm。

2）采用碱液脱脂的脱脂件，应用无油清水冲洗干净直至中性，然后用无油压缩空气吹干。用于冲洗不锈钢管的清洁水，水中 Cl^- 含量不得超过 25×10^{-6}（25ppm）。

3）采用65%以上浓硝酸作脱脂剂时，酸中所含有机物总量不应大于0.03%。

4）氧气管道吹扫需用无油空气或氮气，气流速度不小于20m/s，吹扫用的气量应不少于被吹扫管道总体积的 3 倍；5min 后靶板上无铁锈、尘土、水分及其他杂物，则为合格。

6.7.2 适用范围

适用于氧气管道施工与脱脂工程。

6.8 化工机组无应力配管施工技术

化工机组无应力配管施工技术是指机组进出口管段与设备连接时应处于自由状态，即在机组配管过程中，通过百分表观察等作业手段，确保始终没有任何外力作用在机体上的施工技术。

6.8.1 技术要点

（1）机组找正合格后，配管应遵循从机组进出口端向外，且焊接固定口远离机组的原则。

（2）在机组适当位置安装百分表，监测机组配管过程中的径向及轴向位移。

（3）封闭管段宜选择径向、轴向及标高方向容易调整的管道。

（4）管道焊接固定口宜选择在固定支架外适当位置。

（5）水平管道支吊架要严格按照设计文件调整，同时应考虑管道自重偏差的影响。

（6）施工临时垫片宜采用高压石棉板或聚四氟乙烯板，法兰连接螺栓可自由穿入，紧固应对称均匀，松紧适度。

（7）机组进出口管线安装完成后，再次复测机组对中偏差，保证其符合要求。

（8）在预制阶段定义预制口和固定口时应结合无应力配管要求，在机组进出口端的管道做好预留，待系统压力试验、化学清洗、吹扫后进行无应力调整。

（9）技术指标：

1）机器转速 < 3000r/min 时，平行偏差 ≤ 0.40mm，径向偏差 ≤ 0.80mm，间距为垫片厚 + 1.5mm；

2）机器转速为 3000 ~ 6000r/min 时，平行偏差 ≤ 0.15mm，径向偏差 ≤ 0.50mm，间距为垫片厚 + 1.0mm；

3）机器转速 > 6000r/min 时，平行偏差 ≤ 0.10mm，径向偏差 ≤ 0.20mm，间距为垫片厚 +1.0mm。

6.8.2 适用范围

适用于石油化工行业大型化工机组无应力配管施工。

6.9 工艺管道试压包编制技术

工艺管道试压包编制技术是指依据工艺流程和设计参数等条件，结合管道平面布置，提前将具备相同试压要求且计划在同一批次中试压的所有工艺管道组成一个管道试压系统，并在管道施工阶段按试压包对施工资源进行合理分配、有序整理试压包资料的施工技术。

6.9.1 技术要点

（1）试压包划分原则：依据 PID 图和单线图将连接在一起的管道按试验压力、介质相同的划分为一个试压包；不同试验压力、材质、介质的管道划分为不同的试压包；有禁油要求的管线与无要求的管线分开；已经清洁干净的管线与未清洁的管线分开；试压介质不同的管线分开；设备一般情况下不划分在试压包中；管道上的安全阀、防爆元件、调节阀等不适合参与试压的部件，应在试压包中标注隔离或拆除。管道等级相同、试压介质相同、位置相邻的多个试压包可通过临时管连通后一起进行压力试验，试验压力就高不就低。

（2）一个完整的试压包应包括管线清单、试压管线的工艺管道流程图、单线图、管线检查尾项单、管道支吊架检查记录、焊接记录、无损检测报告、热处理报告、硬度报告、材料光谱分析报告、管道系统试压临时盲板安装与拆除记录、管道系统安装检查与压力试验记录，可以通过信息化手段进行控制和管理。

（3）试压包编制方法及要求：

1）根据管道命名表（管道特性表）整理管道单线图；

2）建立以单线图为单元的信息化数据库；

3）初步选择相同材质和试验压力的管线，拟做一个试压包并按装置 – 介质 – 系列号命名；

4）查找所选介质的工艺管道系统图，参照该系统图绘制试压包流程图，图面需标注管线号、管径、流向、隔离盲板及其编号、上水点、试压泵及临时管路、高低位压力表、放空点，以及试压包号、试验介质、试验压力，并进行数据录入及归类管理。

（4）管道系统压力试验条件确认并记录。

6.9.2 适用范围

适用于石油化工工艺管道系统压力试验试压包的编制。

7 焊接与热处理

7.1 大型储罐自动焊接技术

大型储罐自动焊接技术是指采用埋弧焊、气电立焊等自动焊工艺完成大型储罐底板、壁板,以及底板与壁板大角缝焊接的技术。

7.1.1 技术要点

(1)储罐底板焊接根据容积大小对称间隔布置多台埋弧焊机,采用碎丝埋弧自动焊(SAW)工艺。顺序遵循由罐中心向外,先焊短焊缝,后焊长焊缝。其中初层焊道应采用分段退焊法,焊接时应隔一道焊一道;中幅板通长缝应同时、同向、同速施焊;龟甲缝待大角缝合格后施焊。

(2)底板与壁板的大角焊缝焊接根据储罐容积大小采用多台埋弧焊机,焊机对称间隔布置施焊。先焊内侧环形焊缝,再焊外侧环形焊缝。焊接时数台焊机沿同一方向同速度进行分段焊接,初层焊道应采用分段退焊法。

(3)壁板焊接应先焊纵向焊缝,再焊环向焊缝。纵缝采用气电立焊(EGW)工艺,低温储罐纵缝焊接采用自动氩弧焊工艺。环缝采用 SAW 工艺。壁板焊接应根据脚手架搭设方式,选择焊接顺序。在塔内搭设脚手架时先焊外侧,后焊内侧;塔外搭设脚手架时先焊内侧,后焊外侧。焊机对称均匀分布,应同向施焊。

7.1.2 适用范围

适用于 50000m³ 及以上大型储罐自动焊接技术。

7.2 工艺管道自动焊接技术

在石油化工装置建设中,工艺管道自动焊包括转动口预制自动焊及固定口全位置自动焊两种。该技术特指在固定式工厂化自动焊生产线或可移动式工艺管道自动焊生产线上进行的管道预制口焊接作业。

7.2.1 技术要点

(1)固定式工厂化自动焊生产线主要适用于不需搬迁的管道自动化预制加工厂;

可移动式工艺管道自动焊生产线主要适用于现场工艺管道焊接工程量大，管道壁厚大的焊接作业。管道焊接作业需根据焊接作业环境增设防风、防雨、保温等措施。生产线根据项目地点临时匹配，拆迁方便。

（2）管道预制自动焊生产线需设置原材料堆放区、切割下料区、自动组焊区及半成品堆放区。

（3）自动焊生产线需根据预制焊接工程量配备相应的数控管道切割带锯机、管道切断坡口机或数控管道坡口机进行管道坡口加工，配置卡盘式管道自动焊机或重载压紧式自动焊机完成管道焊接作业。

（4）工艺管道预制自动焊接采用氩弧自动焊打底、SAW 填充盖面工艺，或手工氩弧焊打底（GTAW）、SAW 填充盖面工艺。

（5）工艺管道预制前应以管道单线图为依据进行深化设计，标注好预制口位置，绘制预制加工图。

（6）预制好的半成品管段应制作实现可追溯的二维码，标明项目名称、装置区域、单线图号、管线号、管段号、焊口号、焊工代号、焊接日期等信息，使用激光打印机打印在管道的直管段上。每件半成品的二维码标识不少于两个。

7.2.2 适用范围

适用于工艺管道预制阶段转动口自动焊接施工。

7.3 铬钼耐热钢焊接技术

铬钼耐热钢典型的钢种有 P91、5Cr-0.5Mo，具有常温和高温短时强度，而且符合设备、管道长期安全运行要求的高温蠕变强度，抗长时高温时效，以及低温韧性和高温韧性。但存在较大的焊接淬硬倾向，应严格进行焊接工艺过程控制。该技术是指保证上述特殊材料焊接质量的焊接技术。

7.3.1 技术要点

（1）焊接方法：优先采用 GTAW、SMAW（焊条电弧焊）、SAW 及其组合的焊接方法，且焊接材料必须选择低氢碱性药皮焊条或焊剂。

（2）焊件尽量采用机械切割。若采用热切割，需对切割边缘 200mm 宽度内预热150℃以上。

（3）坡口加工应采用机械加工。当采用热切割或加工时，应采用冷加工清除热切割硬化层，并用磁粉检测和硬度检测来鉴定坡口是否存在裂纹和硬化层。

（4）坡口型式和尺寸的设计尽量减少焊缝的横截面面积，在保证焊透的情况下，尽量采用窄间隙坡口，减小坡口角度。

（5）焊接前，需对焊件进行预热，预热温度应按相关标准执行，并经焊接工艺评定验证，一般宜控制在150℃以上。

（6）焊接过程中，采取小电流、多层多道焊接，焊接线能量宜控制在10~25kJ/cm，层间温度不得低于预热温度。

（7）焊后应立即进行热处理，热处理温度应按相关标准执行，并经焊接工艺评定验证，一般宜控制在705~775℃。若不能立即进行焊后热处理，应进行后热，后热温度宜为300~350℃，保温时间宜为2h，缓冷至室温。

（8）对铬含量公称成分大于3%或合金元素总含量大于5%的焊件进行钨极气体保护焊打底时，焊缝背面应充惰性气体保护。P91焊接时，打底至少焊接两层，方可终止背面惰性气体保护，层间温度应控制在250℃以下。焊口焊接完成后冷却至80~100℃，保温1~2h，马氏体化后再进行热处理。

7.3.2 适用范围

适用于动力锅炉、石油化工和炼油装置的高温高压铬钼钢部件的焊接工程。

7.4 不锈钢焊接技术

不锈钢是指主加元素铬含量高于12%，能使钢处于钝化状态，又具有不锈特性的钢。按组织类型可分为铁素体不锈钢（如0Cr13Al）、马氏体不锈钢（如0Cr13）、奥氏体不锈钢（如06Cr18Ni9）、双相不锈钢（如S32205）等。该技术是指保证上述不锈钢材料焊接质量的焊接技术。

7.4.1 技术要点

（1）常用的焊接方法有GTAW、SMAW、SAW及其组合。

（2）坡口制备宜采用机械方法。当采用等离子切割时，切割后应去除影响焊接质量的表面层。焊接前应清除坡口两侧20mm范围的氧化物、油污等有害杂质。

（3）铁素体不锈钢焊接：焊前需预热至100~150℃。焊接过程中采用较小的热输入，不摆动、不连续施焊。多层多道焊时，控制层间温度在150℃以上，但不可过高。焊后应进行750~800℃的退火热处理，热处理后应快速冷却，以防止σ相产生和475℃脆化。

（4）马氏体不锈钢焊接：焊前需预热至100~350℃。对于含碳量较高或拘束度大的焊接接头，焊后应采取必要的后热措施，防止氢致裂纹的产生。为了降低焊接接头硬度，改善其塑韧性，消除焊接残余应力，焊后应进行回火和完全退火处理。

（5）奥氏体不锈钢焊接：一般不需要焊前预热、后热及焊后热处理。坡口角度、间隙设计比标准稍大一点。焊接过程中，宜采用稍小电流、快速焊，多层多道焊，线能量应控制在 8~20kJ/cm，层间温度不超过 150℃。采用实心焊丝或不填丝的钨极气体保护焊焊接底层焊道时，焊缝背面应采取充氩或充氮保护措施。

（6）双相不锈钢焊接：不应使用自熔焊接方法。焊接过程中，宜采用小电流、快速焊，多层多道焊，焊接线能量宜控制在 8~15kJ/cm，层间温度不宜超过 100℃。在采用 GTAW 方法打底焊接管道时，应采用 98%Ar+2%N_2 的保护气体，充纯氩气或高纯氮气进行背面保护，以防止根部焊道的铁素体化。焊接完成后，应采用铁素体测量仪（磁性法）对焊缝进行铁素体含量测定，铁素体含量应在 30%~60%。

7.4.2 适用范围

适用于石油化工腐蚀条件下不锈钢制设备、管道的焊接。

7.5 低温 9%Ni 钢焊接技术

9%Ni 钢具有良好的低温韧性或断裂韧性。低温状态下，其组织稳定，不发生影响力学性能与物理性能的相变，焊接性能良好，广泛应用于液化天然气（LNG）或液氮存储设备的制造。低温 9%Ni 钢焊接技术重点解决焊接接头的低温韧性、焊接裂纹、电弧的磁偏吹等问题。

7.5.1 技术要点

（1）常用的焊接方法有 GTAW、SMAW、SAW。当采用 SMAW 焊接时，焊接电源应采用交流电源。

（2）坡口制备可以采用机械加工或等离子切割加工。其中等离子切割的坡口表面应打磨处理，并清理坡口表面及两侧 20mm 范围内的油污、氧化物及其他杂物。

（3）焊接前，应对焊件进行消磁处理，控制剩磁在 5×10^{-3}T 以下。

（4）焊接材料应按照生产厂家推荐的烘烤温度进行规范烘烤。

（5）焊接过程中，尽量采用细焊丝（条）焊接，小电流、快速焊，多层多道焊，焊接线能量宜控制在 8~15kJ/cm，层间温度不宜超过 100℃。

（6）焊接过程中，不得采用大电流的碳弧气刨进行清根。

（7）可以采用磁铁的方法排磁，若超标，应用消磁机进行消磁。

7.5.2 适用范围

适用于大型 LNG 储罐 9%Ni 钢的焊接。

7.6 镍及镍基合金焊接技术

镍及镍基合金具有独特的物理、力学和耐腐蚀性能，同时具有良好的高温和低温力学性能，能解决一般不锈钢和其他金属、非金属材料无法解决的工程腐蚀问题。常见的分类包括蒙乃尔合金（如 Monel400）、因康镍合金（如 Inconel600）、因康铬铱合金（如 Incoloy800HT）、哈氏合金（如 HastelloyC276）等。镍及镍基合金焊接技术重点解决镍及镍基合金焊接中焊件清洁度、焊接热裂纹、焊接热输入、焊后耐蚀性能，以及工艺特性的技术难题。

7.6.1 技术要点

（1）镍及镍基合金的焊接常用的焊接方法有 GTAW、SMAW 及其组合。

（2）焊件组对和施焊前，应对坡口两侧各 20mm 范围内进行清理。油污可用蒸汽脱脂；油漆和其他杂物可以用氯甲烷、碱性溶液等清洗干净。

（3）坡口切割与加工宜采用机械方法。当采用等离子弧切割时，应清理其加工表面。镍及镍基合金焊缝熔敷金属流动性差、熔深浅，为保证焊透，宜采用较大的坡口角度和较小的钝边。

（4）焊件组对时，错边量应不大于 0.5mm。

（5）当采用 GTAW 焊接时，背面应充氩气保护。焊接过程中，采用短弧不摆动或小摆动的操作方法；小电流、窄焊道、快速焊，多层多道焊，焊接线能量宜控制在 15kJ/cm 以下，层间温度不宜超过 100℃。

（6）焊接完成后，焊缝表面应清理干净，不得有药皮、熔渣、飞溅等杂物。

7.6.2 适用范围

适用于石油化工装置镍及镍基合金设备、工艺管道的焊接。

7.7 铝及铝合金焊接技术

铝及铝合金具有优异的物理特性和力学性能，其密度低、比强度高、热导率高、电导率高、耐蚀能力强，被广泛应用于化工装置空分系统中。常见的铝及铝合金有纯铝（1060）、铝镁合金（5083）等。该技术是指保证上述铝及铝合金材料焊接质量的焊接技术。

7.7.1 技术要点

（1）铝及铝合金常用的焊接方法有 GTAW、GMAW（熔化极气体保护焊）。当采用 GTAW 焊接时，应采用交流焊接电源。

（2）坡口加工应采用机械方法或等离子弧切割。切割后的坡口表面应进行清理，表面应平整光滑并无毛刺和飞边。

（3）母材和焊材焊前应进行化学清洗或机械清理。

（4）壁厚超过 10mm 的母材，焊前宜对母材预热至 100～150℃。

（5）在 GTAW 焊接过程中，焊丝端部不得离开气体保护区，焊丝送进时与焊缝表面的夹角宜为 150°，焊枪与焊缝表面的夹角宜为 80°～90°。采用大电流、快速焊，多层多道焊。层间温度不应超过 150℃。

（6）当钨极前端出现污染或形状不规则时，应进行修整或更换钨极。当焊缝出现触钨现象时，应将钨极、焊丝、熔池处理干净再继续施焊。

（7）对于壁厚大于 4mm 的立焊和横焊位置焊缝，根部焊道宜采用双面同步焊。

（8）焊接过程中，焊件应采取防变形措施，如焊接顺序选择、刚性固定及反变形方法等。

7.7.2 适用范围

适用于化工装置铝及铝合金设备、工艺管道的焊接。

7.8 铜及铜合金焊接技术

铜及铜合金具有优良的导电性、导热性、耐蚀性、延展性，以及一定的强度等特性，在化工装置中有着广泛的应用。常见的铜及铜合金有紫铜、黄铜等。该技术是指保证铜及铜合金材料焊接质量的焊接技术。

7.8.1 技术要点

（1）铜及铜合金常用的焊接方法有 GTAW、氧乙炔焰焊接。

（2）坡口切割与加工宜采用机械方法或等离子弧切割方法。焊件组对和施焊前，应对坡口两侧各 20mm 范围内进行清理。油污可用丙酮等有机溶剂清除，并用机械方法或化学方法去除氧化膜等污物，使之露出金属光泽。

（3）坡口设计宜采用较大的坡口角度、较小的钝边、较宽的根部间隙形式。

（4）壁厚超过 4mm 的母材，采用 GTAW 焊接时，紫铜预热温度为 300～500℃，黄铜预热温度为 100～300℃。宜采用大电流、快速焊，单层单道焊。

（5）在黄铜氧乙炔焰焊接过程中，应采用微氧化焰、左焊法。预热温度为 400～500℃，层间温度不得低于预热温度。焰心尖端与焊件距离宜为 3～5mm，焊缝不得过热，熔深不宜超过 1.5mm。焊缝宜一次焊完，多层焊接时，应采取多层单道焊接。

（6）黄铜焊后应进行热处理。其中，消除焊接应力热处理温度应为 400～500℃；退火热处理温度应为 500～600℃。

（7）铜及铜合金焊接应采取防止焊接变形、降低焊接残余应力的措施。焊后可对焊缝和热影响区进行热态或冷态锤击。

7.8.2 适用范围

适用于化工装置铜及铜合金设备、工艺管道的焊接。

7.9 工业纯钛及锆材焊接技术

工业纯钛及锆材的比强度大，又具有较好的韧性、焊接性及耐蚀性，被广泛应用于化工装置中。常见的有工业纯钛 TA1、TA2，锆材 R60702 等。该技术是指保证上述特殊材料焊接质量的焊接技术。

7.9.1 技术要点

（1）工业纯钛及锆材常用的焊接方法为 GTAW。

（2）坡口加工应采取机械加工方法，并对坡口进行化学清洗或机械清理，使之露出金属光泽。

（3）焊件组对时，错边量不应超过母材厚度的 10%，且不应大于 1mm。

（4）采用高频引弧，焊炬提前送气，熄弧时应采用电流衰减装置和气体延时保护装置。背面采用高纯氩气保护，正面采用焊炬拖罩或全罩高纯氩气保护热态焊缝及其热影响区。焊丝的加热端应始终处在保护气体中。弧坑应填满，并防止大气污染。

（5）钛材焊接时，在保证熔透及成形良好的条件下，应选用小线能量焊接，焊接线能量一般宜控制在 8～15kJ/cm。层间温度控制在 100℃以下。

（6）锆材焊接时，宜采用偏大的焊接电流和较快的焊接速度，焊接线能量宜控制在 5～10kJ/cm。层间温度不应超过 100℃。必要时，可采取相应的冷却措施。

（7）焊接时不得采用对已污染的焊缝重新熔化焊接来改善焊缝外观的方法消除氧化色。

（8）焊接时应采取防止焊接变形和应力集中的措施。

7.9.2 适用范围

适用于化工装置工业纯钛及锆材设备、工艺管道的焊接。

7.10 化工设备、工业管道焊后热处理技术

化工设备、工业管道焊后热处理技术是指消除焊接残余应力，改善焊接接头的组织和性能，将其均匀加热到金属的相变点以下足够高的温度，并保持一定的时间，然后均匀冷却的过程的技术。化工设备、工业管道焊后热处理技术分为整体焊后热处理、分段焊后热处理和局部焊后热处理。常见的热处理加热方法有电加热和火焰加热两种。

7.10.1 技术要点

（1）热处理前，应对热处理设备、仪表、测温用品及绝热材料进行检查，确保产品质量符合标准规范要求，各种计量仪器应校验合格。同时，结合化工设备、工业管道生产实际，以及标准规范、设计文件、焊接工艺评定等要求，编制焊后热处理工艺规程，明确焊后热处理热工计算、焊件防变形措施、热处理方式与方法、热处理参数、热电偶型号与数量、测温点布置、绝热材料、质量检验等内容。

（2）热处理过程中，应对化工设备、工业管道变形量进行监测；对密封面、螺栓连接件等采取防护措施，防止高温氧化；对火焰加热的设备，火焰不应直接接触被加热设备；对分段加热的化工设备，其重叠的加热长度不应小于1500mm，炉外部分的设备应采取保温措施，防止产生有害的温度梯度；注意观察热处理参数变化，确保热处理效果。

（3）热处理后，应编制焊后热处理报告，并对热处理效果进行评价和相关检验工作。

（4）技术指标：

1）热处理升温时，加热区内任意4600mm长度内的温差不得大于140℃；

2）热处理保温时，加热区内最高与最低温度之差不宜超过80℃；

3）升温和保温时应控制加热区气氛，防止焊件表面过度氧化。

7.10.2 适用范围

适用于化工设备、工业管道焊后热处理工程。

8 电气与仪表

8.1 电缆机械化敷设施工技术

电缆机械化敷设施工技术是指利用电缆输送机多机联动、分控总停的原则，将输送力沿轴向方向直接作用于电缆外层，同时配以电缆展放滑轮，实现单台独立、集中联动控制输送机、分散承担牵引力的方式推动电缆前进，电缆受力面积均匀，不会损伤电缆绝缘层的施工技术。具有操作简便、安全高效的特点，可大大节省人力，有效降低施工成本。

8.1.1 技术要点

（1）根据电缆的直径、单重及现场实际情况，一般在距离电缆盘 10～20m 处放置第一台输送机，直线段每隔 30～50m 放一台输送机，拐弯处在直线段距弯点 5～10m 放置一台输送机。每台输送机间隔 3～5m 放置平滑轮，转弯处放置转角滑轮组，其弯曲半径应大于所敷设最大截面电缆的最小允许弯曲半径。输送机及各部位滑轮组均应固定牢固。

（2）将每台电缆输送机和分控箱连接，分控箱的控制回路串联后连接到主控箱。输送机电气接线完成后进行通电试运行，检查确保所有机器运行方向同步一致，分控制箱和主控制箱具备分控总停功能，多机联动操作无误，设备运转正常，无异常声响。

（3）拖拽电缆引导穿过第一台输送机，根据电缆直径调整输送机两端滚轮高度，使电缆通过履带中部；旋动夹紧手柄，使履带夹紧电缆输送运行，夹紧力调整以电缆与履带间不相对滑动为宜。

（4）启动电缆输送机，所有输送机集中控制，步调一致。每台输送机旁设专人巡查一定范围内输送机及滑轮的运行情况，防止电缆脱出损坏外护套。如某台输送机在运行中发生故障或电缆摩擦到电缆桥架和支架，应立即联动停止所有输送机，排除故障后方可继续启动。

（5）电缆敷设到位后，由终端逆向逐段检查，发现桥架及电缆沟转弯处电缆长度不足或多余时，可将转弯处到终点处范围内的输送机停机，开动剩余电机调整电缆长度。长度调整完成后，断开控制箱电源，旋开机器夹紧手柄，将电缆移出、摆放到位固定。

（6）技术指标：

电缆敷设速度一般控制在 15m/min。遇复杂路径时，适当降低电缆敷设速度，以便及时处理突发情况。

8.1.2 适用范围

适用于电缆外径 30mm 以上、长度 100m 以上，特别是电缆集中敷设量较大的工况。

8.2 大截面长距离单芯高压电缆施工技术

单芯电缆相比三芯电缆具有外径小、质量轻、电缆长度不受质量限制等优点。6kV 以上 300mm² 以上高压电缆多采用单芯电缆。三相单芯电缆敷设如果排列不规范，电缆通电后会在周围形成交变磁场，磁滞原因会引起电缆发热，加速绝缘老化。同时，单芯电缆通过电流时会有磁力线交链金属护套，两端产生感应电压，在线路发生短路故障、操作过电压或雷电冲击时，金属护套上会形成很高的感应电压，甚至击穿护套绝缘。大截面长距离单芯高压电缆施工技术对单芯电缆敷设做了具体的技术要求，各芯磁场相互叠加抵消为零，有效避免电缆发热。针对不同长度的电缆采用不同的接地方式，有效降低感应电压，避免事故的发生。

8.2.1 技术要点

（1）单芯高压电缆敷设技术

1）交流单芯高压电缆敷设时应尽量使三根电缆在空间上对称，且长度相等，各芯磁场相互叠加抵消，宜采用品字形（三叶形）或紧挨三角排列敷设，且不得形成闭合磁路。

2）同一回路的三相电缆应安置在同一保护管或线槽内，并用线夹将三相单芯电缆固定在一起。每相电缆不得单根独穿于钢导管内，保护管及固定金具应使用铝制品、硬质 PVC、尼龙扎带等非磁性材料，固定用的夹具和支架不应形成闭合磁路。

3）在线路中每一相内包括几根单芯电缆并联使用时，所有电缆应具有相同的路径和相等的截面面积，且属于同一相的电缆应尽量与其他相的电缆交替敷设，以免电流分配不均匀。

（2）单芯高压电缆接地技术

1）金属护套一端接地：适用于电缆线路在 500m 及以下，将金属护套一端三相互联后直接接地，另一端通过保护器接地。

2）电缆护套中点接地两端保护接地：适用于电缆线路在 500～1000m，电缆两端通过保护器接地，电缆中点剥开外护套，直接将金属护套接地。

3）金属护套交叉互联接地：适用于电缆线路超过 1000m，将线路分成 N 小段，每小段进行三等分，三等分小段之间设置绝缘接头连接电缆金属护套与保护器，N 小段两端金属护套分别接地。

（3）技术指标

电缆金属套的正常感应电压不超过允许值：未采取有效防止人员任意接触金属套的安全措施时，不得大于 50V；除此情况外，不得大于 300V。

8.2.2　适用范围

适用于大截面长距离单芯高压电缆敷设及接地施工。

8.3　高压冷缩电缆头施工技术

高压冷缩电缆头施工技术又称预扩张技术，是一种利用硅橡胶、乙丙橡胶等弹性体材料在工厂内注射硫化成型，再经扩径、加衬以塑料螺旋支撑物构成各种电缆附件的部件的施工技术。该技术是对经处理的电缆头，在安装中将预扩张件套入塑料线芯外面，抽出塑料螺旋条，弹性体迅速收缩并精密包覆在电缆本体上，具有施工操作便利、绝缘性能好等优点。

8.3.1　技术要点

（1）电缆终端预处理：根据附件要求或现场实际尺寸，一般将由安装位置至接线端子的外护套剥去，留 30mm 钢铠；扎线固定后去除其余钢铠，留内护套 10mm，其余切除，再去除填充物，注意不要损伤内护层及电缆铜屏蔽层。

（2）固定地线：在钢铠铜接地线上缠绕一圈恒力弹簧，对露头进行反折，再用恒力弹簧缠绕。将一端分成三股的地线分别用三个小恒力弹簧固定在三相铜屏蔽地线上，将小恒力弹簧向里推，分别留出 20mm 钢铠地线和铜屏蔽地线，并分开处置，防止出现短接现象。从断口以下 50mm 到整个内护层、钢铠、恒力弹簧均匀缠绕填充胶，形成饱满的冷缩指套。

（3）安装冷缩三指套、冷缩管：将冷缩三指套压到根部，对三个指端、大口端塑料支撑条按逆时针方向依次抽出，三指套即紧密收缩在电缆表面；将冷缩管套在指套的根部位置，抽出支撑条。

（4）对铜屏蔽和外半导层进行剥除：在距冷缩管 15mm 处剥去铜屏蔽层，在距离铜屏蔽层 15 mm 处剥去外半导体屏蔽层，倒角处理外半导电层与绝缘体末端。在铜屏蔽上缠绕半导电带和冷缩管缠平。根据原相色缠绕相色条，将端子插上并压接牢固。

（5）固定冷缩终端和密封管：在绝缘线芯的表面涂抹硅润滑脂，将冷缩管终端套入电缆芯线并和限位线对齐，轻轻拉动支撑条，使冷缩终端管收缩。用填充胶将端子压接部位和终端管的间隙、端子压痕缠平，套入密封管，抽出支撑条，对端子处进行密封。

（6）技术指标：

1）本技术要点为通用一般性要求，现场应以电缆头产品说明书要求为准；

2）对高压冷缩电缆头进行交流耐压试验或直流耐压试验和泄漏电流测试，满足规范要求。

8.3.2 适用范围

适用于电压等级在 6kV 以上高压电缆头的制作安装。

8.4 铜包钢接地线放热焊接技术

铜包钢接地线放热焊接技术是指利用氧化铜和铝的化学反应在极短时间内释放出 2500～3500℃的高温，将焊粉熔化成液体状的铜溶液及氧化铝的残渣物，进而实现高质量的电气熔接技术。无须外部电源或热源，反应速度快，产生热量高，能有效传导至熔接部位，形成分子结合。熔接后接头的载流能力优于或等同于导体本身，且操作简便、安全。

8.4.1 技术要点

（1）热熔焊接模具是由耐高温的石墨制成，包括焊接室、导流槽、放热焊接室及起安全保护功能的顶盖等。常用的模具形式有一字形、T 字形、十字形、T 字形扁钢与圆钢模具。根据铜包钢接地线的规格及连接方式，选用与其相适应的模具，并对模具进行清理。

（2）将铜包钢接地线按照应连接的方式正确摆放至模具内，用配套的模具夹插入模具的夹持孔内，并将紧定螺栓拧紧。确保模具已经被夹紧，没有缝隙产生，否则容易产生漏浆，从而导致焊接失败。

（3）填装焊粉前先将圆形的隔离钢垫片放置于模具内部导流孔处，防止焊粉沿着导流孔泄漏。将焊粉倒入模具熔接腔室内，再将引燃剂均匀撒在焊粉的表面，并引向模具的点火口处。焊粉及引燃剂填装完毕后，将模具顶盖盖住并压紧。

（4）用点火枪在模具点火口处将引燃剂点燃，引燃熔粉，随即产生铝热反应，瞬间高温使熔粉熔化成液态状，通过模具中的小孔流入铜包钢接地线接合的模具内；铜包钢接地线表面部位熔化并与液态的熔粉混合在一起，冷却 2min 后，戴上防护手套松开模具，夹取下模具，用小锤将熔接部位多余的焊渣敲掉即可。

（5）焊接完成后，用毛刷将模具内部及导流孔内的残渣清理干净，防止时间过长熔液冷却凝结在模具上而导致模具报废。

（6）技术指标：

目测检验焊缝表面饱满光亮，无焊渣、气孔和裂纹。

8.4.2 适用范围

适用于电力、石油化工装置铜包钢类接地线、铜接地线之间的热熔焊接施工，也适用于其他功能铜和铜、铜和钢的电气连接。

8.5 超大型电动机／发电机组合系统调试技术

超大型电动机／发电机组合系统调试技术主要是针对石油化工装置超大型电动机／发电机交接试验、预防性试验。超大型三相电动机／发电机组合系统的试验主要有本体试验和专项试验。本体试验包括绝缘电阻和吸收比、直流电阻、定子绕组直流耐压试验和泄漏电流测量、定子绕组交流耐压试验、极性测试、定转向对应相序测试。专项试验包括主回路电缆相位核对及磁平衡极性测试、二次系统联锁试验、电动机／发电机投入系统后电容投切试验等。该技术主要是针对试验难度较高的电动机／发电机专项试验进行描述。

8.5.1 技术要点

（1）电动机／发电机本体试验

必须执行现行国家标准《电气装置安装工程　电气设备交接试验标准》GB 50150的相关要求。

（2）超大型电动机／发电机组合系统专项试验

1）主回路电缆相位核对及磁平衡极性测试。电压法测试电缆是否有接线交叉错位现象，磁平衡保护回路是否存在差流，考核其 CT 极性是否正确。电机主回路通流检查，有效检测磁平衡保护二次 CT 回路的完整性。在 A、B 及 A、C 两相回路中通入电流 10A，在保护装置测量菜单中查看差流。

2）二次系统联锁试验。与现场操作柱及 DCS 联动，工艺允许启动及联锁跳闸信号正常，DCS 控制、监测信号正常，开关分闸联跳软启动信号正常，远方就地转换开关切换位置信号正常，电气闭锁信号正常。

3）电动机／发电机投入系统后电容投切试验。备机完成启动后投切到旁路开关，带动轴压风机运转正常。通过工艺带动烟气轮机、主机轴压风机运转，通过高低压变速箱带动电动机／发电机至额定转速。将电动机／发电机并网至系统，定子绕组的电压和频率在并网后建立，并网不需要整步，系统不会发生振荡。并网后投入第一组电容器，给电网提供无功补偿，在提高电动机／发电机功率因数的同时，继续给电网无功补偿以增加电机的转速，直至电机转速达到同步转速或以上。电动机 / 发电机的发电部分从所连接的电网中获得励磁，异步电动机发电、供电可双向选择。

（3）技术指标

满足现行国家标准《电气装置安装工程　电气设备交接试验标准》GB 50150 和设计相关要求。

8.5.2　适用范围

适用于石油化工装置超大型电动机 / 发电机组合系统的调试。

8.6　GIS 模块化安装调试技术

气体绝缘开关设备（Gas Insulated Switchgear，GIS）组合电器是将断路器、隔离开关、接地开关、电压互感器、电流互感器、避雷器等设备集成在封闭的金属筒状壳体内，导电部件用绝缘件支撑固定，按功能用盘式绝缘子隔成若干封闭气室，气室内充满高纯度 SF_6 气体，以电缆终端或进出线套管与外部连接，按照电气主接线组合构成的模块化配电装置。高压、超高压电气设备采用 GIS 组合电器模块化设计具有结构紧凑、占地面积小、绝缘强度，以及灭弧能力高、安全可靠、安装方便等特性。该技术是对 GIS 模块化安装调试进行描述。

8.6.1　技术要点

（1）GIS 模块化安装

1）间隔安装：一般先就位中间间隔，利用吊车将整个间隔直接放置在间隔中心线上，纵向、横向水平定位误差应小于 1mm。中间间隔就位后，将母线筒中气体放掉，取下两端封盖将密封面、密封圈清理干净。接着安装第二个间隔，调整好水平度，使其母线筒法兰与第一个间隔的母线筒法兰对接，插入深度及误差符合产品技术要求。后序间隔同样按照此步骤实施。

2）抽真空及充气：设备在注入 SF_6 气体之前需要对其内部残留的空气进行抽真空处理，当实测真空度达到 133Pa 以下即满足充气要求。将 SF_6 气体缓慢充入气室至规定压力，一般不超过额定值 0.02MPa。

（2）GIS 组合电器调试

GIS 各部件单体试验执行现行国家标准《电气装置安装工程　电气设备交接试验标准》GB 50150 的相关要求。GIS 组合电器专项试验包括主回路电阻测量、绝缘耐压试验、SF_6 气体含水量测量、SF_6 气体检漏试验等。

1）测量主回路直流电阻以检查整个 GIS 本体一次导电回路的连接和触头接触

情况。采用直流压降法测试电流，其值不小于 100A，主回路电阻值应小于出厂值的 1.2 倍。

2）绝缘耐压试验：对设备进行 80% 的试验电压的工频耐压试验 1min，不得有闪络现象发生。

3）SF_6 气体含水量测量：各气室 SF_6 气体充至厂家允许压力，24h 后用微水检测仪检测 SF_6 气体的含水量，有电弧分解的气室＜150ppm，无电弧分解的气室＜250ppm。

4）SF_6 气体检漏试验：一般采用局部包扎法检测，各密封部位用塑料薄膜包扎 24h 后在包扎处底部用 SF_6 气体检测仪检测，无报警为合格。

（3）技术指标

满足现行国家标准《电气装置安装工程 电气设备交接试验标准》GB 50150 和设计相关要求。

8.6.2　适用范围

适用于电力和石油化工行业 35kV 及以上 GIS 模块组合电器的安装调试。

9 防腐绝热

9.1 激光除锈施工技术

激光除锈施工技术是采用高能激光束照射污染物表面，使得污染物表面吸收激光能量后，形成急剧膨胀的等离子体，产生冲击波，使锈蚀污染物发生瞬间蒸发或膨胀剥离，从而达到除锈目的的施工技术。

9.1.1 技术要点

（1）选择合适的激光除锈机。

（2）将待除锈的金属材料放置稳固。

（3）打开激光除锈机的电源开关，待设备预热后，确保激光束正常发射。

（4）使用激光瞄准器将激光束照射到待除锈的金属表面，注意保持一定的照射距离和照射角度。

（5）按下激光发射按钮，开始进行除锈作业。在激光束照射的过程中，持续移动激光头，确保均匀覆盖整个除锈区域。

（6）当锈蚀、污垢等物质被激光蒸发和剥离后，停止激光照射，并观察除锈效果是否合格。

（7）如有需要，可对除锈区域进行二次照射，直至达到预期的除锈效果。

（8）关闭激光除锈机的电源开关，待设备冷却后，方可进行下一次操作或维护。

9.1.2 适用范围

适用于化工行业设备、管道的除锈。特别适用于小面积除锈，如设备内部除锈和焊缝除锈等。

9.2 不锈钢储罐内壁整体酸洗钝化施工技术

在不锈钢储罐组焊和试验完成后，通常需要对不锈钢储罐内表面进行酸洗和钝化处理。不锈钢储罐内壁整体酸洗钝化施工技术是指通过在不锈钢储罐内顶部安装可旋转喷淋管，对不锈钢储罐内壁进行酸洗和钝化处理，进而形成完整的钝化膜，最大限度地增强材料的耐腐蚀性能的施工技术。

9.2.1　技术要点

（1）在不锈钢储罐外设置酸洗液储槽、酸泵、过滤器和连接管路。

（2）在不锈钢储罐内顶部安装与罐顶弧度相同的可旋转喷淋管，将管与罐外的酸洗装置连接，并在其上安装可旋转的喷头。其中，中间安装的喷头向上以便冲刷罐顶部，两端安装的喷头向下以便冲刷罐壁。

（3）在清洗过程中，通过顶部电机带动喷淋管旋转，将酸洗溶液均匀喷洒到所要清洗的储罐内表面上，使酸洗液与储罐内壁上的铁锈、污垢进行充分接触，达到酸洗和钝化的效果。

（4）技术指标

1）酸洗液属于强腐蚀性液体，应选用高强 PVC 软管作为连接管路，壁厚宜为 5mm；旋转喷头流量不小于 15L/min，有效喷射半径不小于 0.23m。

2）酸洗钝化前水冲洗，时间 1～2h，流量 $50m^3/h$，目测回水清洁为准。

3）脱脂流量 $50m^3/h$，时间 4～6h；脱脂药剂浓度 10%。每隔 30min 检验一次 pH 值，pH 值达 6～9 合格。

4）脱脂后清水冲洗，流量 $50m^3/h$，时间 2h；检验水的 pH 值达 6～9 合格。

5）酸洗钝化后水冲洗，流量 $50m^3/h$，时间 2h；检验水的 pH 值达 6～9 合格。

6）将检测液滴于所酸洗不锈钢储罐的任意部位，30s 内不产生蓝色点状即为合格。

9.2.2　适用范围

适用于化工行业大中型不锈钢储罐内壁的整体酸洗和钝化处理。

9.3　储罐带水喷砂除锈施工技术

储罐带水喷砂（即湿喷砂）除锈施工技术是指在传统喷砂工艺基础上的改进，更换一种特制双接口喷枪，在其特定位置分别设置磨料进口与水射流进口，将磨料量与进水量按比例充分融合，在压缩空气的带动下最终于喷枪口形成稳定压力的带水磨料进行除锈作业的施工技术。

9.3.1　技术要点

（1）通过在储水容器内加入 1%～5% 特殊防锈剂，可以使除锈完成后的金属表面与水汽之间形成隔离膜，保证已除锈完成的金属表面在非下雨天气条件下暴露约 3d 时间内不返锈，方便后续防腐作业。

（2）除锈施工完成后，利用空气压缩机将金属表面残留水分风干，并对废砂进行空气吹扫；将废砂集中清理，统一调运，可用于非主体部位，做到废物利用。

（3）表面处理达到标准要求后，采用吸入式无气喷涂的施工方法完成防腐施工。

（4）技术指标

1）喷砂磨料：石英砂砂粒直径 1.0 ~ 2.5mm，硬度 HRC54 以上；

2）喷砂距离 100 ~ 300mm；喷砂角度 30° ~ 60°；喷射压力 0.6 ~ 0.8MPa；喷砂嘴孔径 10mm；

3）金属表面处理不低于 Sa2.5 级；金属表面温度不低于 5℃；相对湿度在 85% 以下；

4）防腐涂料按照厂家说明书配置，调制好的涂料需静置熟化 15 ~ 20min。

9.3.2 适用范围

适用于化工行业大中型储罐外壁的除污除锈防腐施工。

9.4 金属热喷涂防腐施工技术

金属热喷涂防腐施工技术是一种表面强化技术，它是利用某种热源（如电弧、等离子弧或燃烧火焰等）将粉末状或丝状的金属材料加热到熔融或半熔融状态，然后借助焰流本身或压缩空气以一定速度喷射到预处理过的基体表面，沉积形成具有各种功能的表面涂层的一种技术。

9.4.1 技术要点

（1）待金属喷涂的表面应采用喷砂（喷丸）或打磨的方式进行表面预处理，清除待涂层区域的铁锈、污垢和焊接残留物。焊缝上或附近应无咬边、开孔、弧坑和飞溅物等。同时表面粗糙度（Ra）达到 6.3 ~ 12.5μm 为宜。

（2）金属喷涂前先进行预喷涂，确定工艺参数后接着喷涂底层，再进行工作层的喷涂。预喷涂应在基体表面处理合格后 4h 内进行，环境温度不得低于 5℃，相对湿度不大于 85%。

（3）火焰喷涂按工艺参数进行连续施工，过程不应间断。电弧喷涂时洁净空气压力大于 0.5MPa，电弧喷涂设备的直流电源电压需稳定，使用规定参数连续施工，不得间断。

（4）当设计厚度超过 100μm 时，应分层喷涂，每一涂层应平行搭接，同层涂层的喷涂方向宜一致，上下两层的喷涂方向宜纵横交叉。

（5）金属丝火焰喷涂或电弧喷涂涂层的孔隙率高达 15%，应采用封孔材料进行封闭处理，包括封闭漆和有机封孔涂料，且应与金属热喷涂层匹配，同时涂刷时间与金属喷涂时间间隔不超过 2h 最佳。

9.4.2　适用范围

适用于化工行业钢结构及钢制容器内表面的防腐。

9.5　防腐涂层旋转成型施工技术

旋转成型技术可分单轴线旋转成型技术和双轴线旋转成型技术两种。其中单轴线旋转成型技术一般用于无支管的设备筒体或管线衬里工艺，将需衬里的设备筒体或管线作为模具放在滚台上，边加热边旋转；达到一定温度时将粉状涂料按照衬里面积所需厚度的比例加入，粉状熔融呈半流动状态，在离心力的作用下均匀黏附在受衬工件内；全部熔融之后，继续旋转至冷却定型。双轴线旋转成型技术是将受衬工件固定在一个可以 360°旋转的设备内，使被受衬工件呈两个轴线方向同时旋转，最后获得均匀衬里工件的工艺过程。

9.5.1　技术要点

（1）倾注于受衬设备内腔的粉状涂料必须具有两种性能：①流动性能好，熔融指数应为 3～10，以便使熔体平稳地流到受衬工件模腔的各个角落，获得壁厚均匀的制品；②热稳定性好，以防止原料因过度受热而分解。

（2）当受衬设备呈双轴线方向被旋转加热时，粉状塑料在受衬工件的内腔壁面全部均匀接触，先与受热壁面接触的粉料在一定温度条件下被熔融；然后在不断旋转过程中，在重力与离心力的作用下，未熔融的粉料均布在已熔融粉料的表面上，经热传导而被粘住熔融，在如此不间断的旋转过程中，衬里设备制备成功。

（3）由于塑料具有一定的流动性，为了防止塑料下淌造成制品壁厚不均匀，在冷却过程中，受衬设备仍应处于不断旋转的状态。待工件冷却到一定温度的时候，方可将工件从旋转设备中拆下来，并将各法兰密封面修整，即可得到制造好的旋转成型衬里产品。

9.5.2　适用范围

适用于化工行业离心泵（泵壳、泵室、叶轮）、设备（塔、槽、储罐、反应釜）、各式搅拌浆、管线及配件、补偿器、水喷射真空泵、阀门等产品。

9.6　储罐底部边缘板防腐施工技术

储罐底部边缘板防腐施工技术是指 CTPU 防水防腐涂料结合玻璃丝布及氨纶布，

加入一定量的填充物配制成弹性胶泥的施工工艺，用来切断雨水、露水、盐雾等腐蚀性介质入侵储罐边缘板及底板，对储罐起到极大的保护作用。

9.6.1 技术要点

（1）将边缘板（钢板）基面已腐蚀松动的漆膜、铁锈、水泥杂物等全面清除。

（2）现场配制 CTPU 弹性涂料，使用搅拌器搅匀后使用。

（3）涂刷第一道弹性底胶，必须将边缘板下的缝隙灌满，切断雨水、露水、盐雾等腐蚀性介质入侵边缘板的通道，底胶厚度大于 $50\mu m$。

（4）在水泥基座边缘、边缘板外粘贴预制台口线；水泥基座侧面粘贴 CTPU 腰线胶，贴 CTPU 预制腰线（$12mm \times 100mm$）。

（5）刮一次弹性胶泥，胶泥采用 CTPU 和 20%～30% 弹性胶粒、胶粉混合制成，罐壁与底板所形成的直角用胶泥填注，压紧使其形成平整的斜面；底板与油罐的底座所形成的直角也以胶泥填注，压紧使其形成平整的斜面，平均厚度为 10mm。

（6）刮二次弹性胶泥，使两个斜面找平。胶泥施工时要注意边缘板最外端的施工工艺及涂层厚度，以防积水。二次胶泥平均厚度为 10mm，最外端涂层厚度不应小于 3mm，应使弹性胶泥厚度均匀分布。

（7）在二次弹性胶泥上涂刷 CTPU 弹性中胶一道，贴覆中碱玻璃布，不得有褶痕、气孔产生，以避免水分残存；玻璃布上再涂 CTPU 弹性中胶一道。一布二油（玻璃布）总厚度约为 $120\mu m$。

（8）待一布二油（玻璃布）干燥后，再次涂刷 CTPU 弹性中胶一道，贴覆氨纶弹性布；待涂层干后，再涂刷 CTPU 弹性中胶一道。一布二油（氨纶弹性布）总厚度约为 $120\mu m$。

（9）在氨纶弹性布 CTPU 弹性中胶表面涂刷弹性面胶两道，涂刷面胶时应丰满、平整，厚度不小于 $100\mu m$。

9.6.2 适用范围

适用于化工行业各种储罐的底部边缘板防腐。

9.7 小直径管道焊口内防腐施工技术

小直径管道焊口内防腐施工技术是指分别在管道焊口除锈、管道焊口喷涂、管道焊口补漆检测的施工技术。该技术工装结构合理，具有可在管道300m的范围自由行走，操作简便，自动定位，可从显示屏上观测到每个焊口的优缺点。

9.7.1 技术要点

（1）焊口除锈

1）补口车进入管道前确认管道内通畅，无积水、杂物；

2）为补口车安装除锈钢刷；

3）外部操作控制箱控制小车前进，通过显示器找到焊缝位置；

4）通过补口小车顶端除锈钢刷进行除锈，旋转产生的气流会将锈渣吹到前方，但不影响喷涂效果；

5）除锈级别为St3.0，焊缝处内表面应无可见油脂和污垢，并且无附着不牢的铁锈、氧化皮或油漆涂层等，表面有金属光泽；

6）除锈完成后立即进行涂料的喷涂工作，防止焊口返锈。

（2）焊口喷涂

1）适用管径：DN80mm 及以上；

2）旋喷枪转速：$\geq$ 20000n/min（低于此转速雾化效果不好）；

3）适用涂料：无溶剂或溶剂类液态涂料；

4）行走速度：$\leq$ 20m/min；

5）涂料流量：0.01 ~ 2.00L/min；

6）最大一次层膜厚度：500μm；

7）爬坡能力：$\leq$ 10°。

（3）焊口补漆检测

可观测和检测 300m 范围内任意焊口涂层厚度。

9.7.2 适用范围

适用于化工行业管道、长输管线等小直径内防腐管道焊口补漆及热处理后的焊口内防腐补漆。

9.8 超低温柔性绝热材料施工技术

二烯烃、丁腈橡胶低温弹性体材料是近年来出现的低温柔性保冷材料，具备抗冲击、吸收外界机械撞击和振动的特性，进而避免出现传统泡沫玻璃、聚氨酯等硬质泡沫绝热材料因温度变化产生的应力集中导致的开裂风险，以及外力挤压开裂导致的绝热性能下降现象，同时无需防潮层，既可与其他材料结合，也可独立作为保冷系统使用。该技术是指对上述新型绝热材料的施工技术。

9.8.1　技术要点

（1）二烯烃作为深冷内层，丁腈橡胶作为外层。两种材料厚度在15~40mm。当管径小于89mm时，可使用管材进行安装；当管径大于或等于89mm时，则使用板材。根据不同管径、不同形状的管道及设备尺寸进行实际下料安装，并使用胶水进行粘结，以保证其严密性，同时深冷系统接缝外可再用胶带进行密封。

（2）理想的施工温度在15~20℃。当环境温度低于0℃时，不能使用胶水。如果胶水太冷，可放置在热水桶里加热。当环境温度在0~5℃时，结露会使黏接的表面形成一层膜，可使用吸纸去除。

（3）打开胶水罐时应先搅拌均匀。当胶水罐静置时，胶水中的某些物质会沉淀到罐底，使用前必须将胶水搅拌均匀，使胶水的黏接力效果最好。

（4）胶水"初干"时间（从涂胶到胶水接缝可以严密地黏接在一起的时间）在3~10min，这个时间会随着环境的温湿度变化而变化。但涂完胶水的表面在任何情况下"放干"时间不要超过20min，否则涂胶表面将失去黏接力。

9.8.2　适用范围

适用于温度范围为−200~125℃，氧指数达32以上，化工行业及空调制冷设备、管道的绝热工程。

9.9　气凝胶绝热毡施工技术

气凝胶绝热毡是以特殊纤维丝为基材，通过纳米复合工艺制备而成，因使用温度不同分为多种型号。产品厚度为5~20mm，宽度为1.5m，长度根据不同厚度为15~60m。当介质温度大于280℃时，其绝热结构需依据设计要求在层间增加铝箔等防潮层。该技术是指对上述气凝胶绝热毡材料的施工技术。

9.9.1　技术要点

（1）当管径＜DN50mm时，采用螺旋缠绕的方法，宜将气凝胶绝热毡裁成5mm×50mm（厚度×宽度）的保温带进行施工。保温厚度为5mm时，宜采用3mm保温带缠绕两层，第一层缠绕接缝处密合，无需重叠，第二层缠绕与第一层接缝处错开。保温厚度为10mm及以上时，每层缠绕接缝处需密合，无需重叠，上下两层接缝处错开，并用镀锌铁丝捆扎固定。保温层最外层宜采用铝箔玻纤布进行缠绕，接缝处需重叠50%。

（2）当管径≥DN50mm时，该产品安装采用捆扎方式。先将板材依据设备及管道等施工物体形状尺寸进行下料，再敷设在物体表面进行捆扎，捆扎材料可采用镀锌铁丝、不锈钢带及感压丝带等。搭接缝使用玻璃丝带找平，拼接缝采用压敏胶带密封。

（3）该材料需设置金属等保护层。

9.9.2 适用范围

适用于化工行业设备、管道及不规则箱体等的绝热，使用温度为 0～650℃。

10 检验检测

10.1 焊接接头数字射线（DR+CR）检测技术

数字射线（DR+CR）检测技术是指由计算机控制射线穿过被检工件经成像器件（探测器或成像板）接收后，将射线光子信号经过一系列转换生成数字信号，并由计算机重新建立图像，可以进行一系列图像后处理的检测技术。

10.1.1 技术要点

（1）不使用胶片，不消耗银，所消耗的能源和矿产资源（石油或煤）大大减少。

（2）没有暗室处理过程，不产生废液污染环境。

（3）成像速度快，从曝光开始到获得一幅图像，DR 只需要几分之一秒到几秒，CR 需要几分钟到十几分钟，而胶片需要几十分钟到几小时。

（4）检测图像质量好，信噪比高，灵敏度可比胶片射线检测的底片灵敏度高 1~3 个等级。

（5）检测结果以电子文件存档，存储占用极小空间，不再需要建设庞大的底片库。

（6）图像及文件容易复制，复制成本极低。

（7）图像不会因保存时间过长而退化或劣化，可保存时间几乎是无限的。

（8）数字化图像可在网络上传输，能实现检测结果的异地远程分析评定。

（9）形成的电子文档资料数据库可通过先进的软件实现高水平的管理，检索、查找、统计、调用快速方便，是融入大数据的前提。

（10）数字化图像可使用计算机软件处理，提高图像质量，改善观察条件和提高缺陷识别度。

（11）定量评价精度更高，可以通过灰度变化对壁厚差异进行测量。

（12）能够提供从多个二维平面（2D）投影计算三维空间（3D）体积的数据。

10.1.2 适用范围

适用于金属材料、焊接接头及零部件检测，也可用于带包覆层制冷管线、高温管线的检测。

10.2　金属材料、焊接接头相控阵超声检测技术

相控阵超声检测技术是指根据设定的延迟法则激发阵列探头各独立压电晶片，合成声束并实现声束的移动、偏转和聚焦等功能，再按一定的延迟法则对各振元接收到的超声信号进行处理，并以图像的方式显示被检对象内部的超声检测技术。

10.2.1　技术要点

（1）声束精确可控，灵活性强，尤其适用于复杂结构工件的检测功能。通过电子扫描方式实现声束角度偏转和移动，在不移动探头的情况下将声束覆盖到检测区。

（2）缺陷以图像方式显示，直观可记录，重复性好，能以 B、C、D、S 等多种成像方式来显示检测结果。图像中信号可识别性好，容易区分缺陷信号和非缺陷信号。数字技术和图像技术更有利于各种信号的处理，进一步提高信噪比。

（3）可获得更好的检测灵敏度、分辨率和信噪比，在检测中采用扇扫描结合线扫描或扇扫描结合探头前后移动扫查，可在一个扫查面上用不同的角度声束探测同一个缺陷，进而提高缺陷的检出率和检测可靠性。

（4）检测速度快，只需要将探头布置在焊缝的一侧或两侧，采用大角度扇扫，然后沿焊缝直线移动探头即可完成检测，检测过程中不需要寻找最高波和进行信号比较分析。

10.2.2　适用范围

适用于各种形状的金属原材料、零部件和焊接接头的检测。

10.3　金属材料、焊接接头全聚焦相控阵超声检测技术

全聚焦相控阵超声检测技术是指基于全矩阵数据采集（FMC）、全聚焦成像（TFM）的一种特殊的相控阵超声检测技术。

10.3.1　技术要点

（1）全矩阵数据采集，发射和接收的总能量更大，检测灵敏度和可靠性更高。

（2）基于多个阵元有序小位移发射 / 接收，使微小信号能够被探测和接收，缺陷的检出率更高。

（3）基于海量数据进行全聚焦计算和叠加平均处理，可大大提高图像的分辨率和信噪比。

（4）探头阵元尺寸小、扩散角大，有效声场覆盖范围更大，检测效率更高。

（5）声场的近场区小，表面检测盲区更小。

（6）三维图像跟随探头移动实时显示，形成一个立体通透的三维立体图像（图谱），通过多角度旋转观察缺陷的形状、在被检工件中的位置，缺陷影像无畸变，使检测结果一目了然、非常直观。

（7）仪器系统采用"新型场校准方法"，校准方便、快捷、容易操作，加载校准文件后图像信噪比更高。

（8）基于有序小位移发射/接收+高信噪比信号，对粗晶焊缝检测效果优于现有各种超声方法。

10.3.2 适用范围

适用于各种形状的金属原材料、零部件和焊接接头，以及奥氏体不锈钢等粗晶材料的检测。

10.4 金属材料、焊接接头交流电磁场检测技术

交流电磁场检测技术（ACFM）是指通过激励线圈在工件中感应出均匀的交变电流，感应电流在缺陷位置产生扰动，基于电场扰动引起空间磁场畸变原理，利用检测传感器测量空间磁场畸变信号，从而实现缺陷检测与评估的一种新的表面检测技术。

10.4.1 技术要点

（1）可穿透涂层检测，无需清除被检工件表面涂层，节省清理表面涂层的时间和费用。

（2）不需要采用试块校验，有精确的理论依据和数学模型，能同时提供长度和深度信息。

（3）检测系统由主机与探头组成，无需任何耗材、介质和耦合剂，节省费用。

（4）能实现检测过程、检测结果可记录，对缺陷进行记录和回放，并对缺陷的尺寸进行计算。

（5）可实现彩色3D成像模式显示、缺陷自动识别及预警模式显示。

（6）便携式的检测系统可减少检测人员的劳动强度并提升检测效率；探头可以较快的速度进行扫查，检测无后效性，无需退磁、表面清理等。

（7）可检测表面350℃高温中的非疲劳裂纹；可用于水下500m深度的结构缺陷检测。

10.4.2 适用范围

适用于各种形状的金属导电材料的缺陷检测及评估。

10.5　金属材料阵列涡流检测技术

阵列涡流检测技术是指将多个涡流检测线圈根据被检工件的几何形状进行特殊设计、封装，然后通过快速的电子控制和处理来实现对材料和零件有效检测的一种新的涡流检测技术。

10.5.1　技术要点

（1）一次检测区域更广，检测速度快。

（2）具有较高的检测灵敏度。

（3）可对复杂工件、工件狭窄区域、高温深孔壁进行检测。

（4）检测信号是电信号，数字化后便于数据比较和处理。

（5）能够检测非金属或金属涂层的厚度。

（6）能够抑制多种干扰因素。

（7）检测结果可以实时显示、记录和重现，并进行分析。

（8）线圈不需要耦合介质或接触工件，不需要清理，检测过程环保。

（9）能够提供检测区域实时 C 扫描，便于识别缺陷类型。

（10）可以很好地与超声检测结合使用。

10.5.2　适用范围

适用于金属管道、焊缝、各种零部件的缺陷检测。

10.6　金属材料电磁超声测厚、缺陷检测技术

电磁超声测厚、缺陷检测技术是指利用电磁感应实现超声波的激发和接收，无需耦合剂，无需打磨，可非接触测量，是无损检测领域的一种新技术。

10.6.1　技术要点

（1）产生波形形式多样，适合做表面缺陷检测。

（2）对被探工件表面质量要求不高，工件表面不要求特殊清理，检测速度快。

（3）检测过程不需要耦合剂，可实现非接触测量。

（4）声波传播距离远，所用通道与探头数量少。

（5）发现自然缺陷的能力强，对于钢管表面存在的折叠、重皮、孔洞等不易检出的缺陷均能准确发现。

（6）能够有效解决在役工业设备因腐蚀、冲蚀和磨损等造成的壁厚减薄等在线测量评估难题。

（7）可在高温下实现内外表面及内部缺陷在线检测，能够支持激发电磁超声 Lamb 波、SH 导波、高频导波检测，可应用于高温设备、管道支持遮挡部位等损伤在线不停机检测，检测温度可达 450℃。

10.6.2 适用范围

适用于金属管材、板材、焊缝等缺陷检测。

10.7 PHC 管桩桩身应力测试技术

PHC 管桩桩身应力测试技术（也称管内灌芯替代—多桩对比法），是指通过在管桩腹腔内安放焊接应力计的钢筋笼并灌注混凝土后进行应力测试的一种技术。该技术通过对普通管桩实测数据及灌芯桩实测数据进行对比并综合分析处理，推算出本桩型桩身应力、桩身弯矩分布、最大弯矩位置等参数。

10.7.1 技术要点

（1）按照 PHC 管桩桩腹的内径确定钢筋笼的规格，然后根据钢筋应力计的尺寸将主筋分别截断，将应力计作为主筋的一部分，按照一定间距两端分别焊接在两侧主筋上。将钢筋笼安放在 PHC 管桩桩腹内并浇筑高强度等级混凝土，浇筑过程中应充分振捣，其间注意对应力计测线的保护；待养护时间达到要求后，采用慢速维持荷载法进行水平静载试验，提供灌芯桩桩身和钢筋应力、应变的数据。

（2）利用有限元程序建立数据模型，通过对普通管桩实测数据及灌芯桩实测数据进行对比，修正桩身、地基土边界条件，并对灌芯面与管桩内壁接触的薄弱面进行评估。最后进行综合分析处理，推算出本桩型桩身应力、桩身弯矩分布、最大弯矩位置等参数。

（3）技术指标：

1）安装应力计的钢筋应为两根，对称于桩中心，其连线平行于水平力作用线；

2）不同测试断面的竖向间距宜为 1.0m。

10.7.2 适用范围

适用于对已施工完成的 PHC 管桩进行桩身应力测试时钢筋应力计的安装，以及 PHC 管桩桩身应力、桩身弯矩分布的测试。

10.8　地层沉降分层自动监测技术

地层沉降分层自动监测技术是指为了解决地层沉降分层监测过程中测量精度低、数据采集和处理主要靠人工操作的不足，通过自动控制直流伺服电机带动探头升降及无线传输技术进行数据采集及传输的一种测试技术。该技术具有测量精度、密度高、劳动强度低、操作方便等特点。

10.8.1　技术要点

（1）地层沉降分层监测前，首先按照设计要求在设定监测点钻孔，埋设沉降分层管和磁环，沉降管管底宜尽可能埋设于坚硬或密实的土层中，并用膨胀土封闭钻孔，使磁环与软土地基同步沉降，定位测量探头垂联到沉降管内；再在各个监测点装设现场测控器，现场测控器通过钢绞线连接定位测量探头的铜管吊环。

（2）监测作业前应准确测量沉降管管顶标高，监测过程中应定期复测。开始监测时，按照设定的采集周期，总控计算机软件通过通信模块向现场测控器发送采集数据的指令，再经单片机测控系统的微处理器所连电机来控制直流伺服电机的正反转，带动定位测量探头进行升降；当测量探头定位到磁环位置时，干簧管感应到设定磁场强度后闭合，无线信号发射模块向单片机测控系统的信号接收模块发射信号，经过微处理器处理存储，并回发指令进入下一次测量；再次采集的数据与前一次采集的数据的差值（应对沉降管自身的沉降值进行修正）即为软土地基沉降分层的相对位移。

（3）各监测点的现场测控器监测的数据通过通信模块传回到总控计算机，测控软件将采集的数据转储并进行数据处理，自动计算处理各观测过程中的一系列数据并生成各类计算报表，最终形成沉降观测报告。

（4）技术指标：

1）最大测量深度 25m；

2）可连续不间断测量，按需求设定监测频次；

3）数据采集误差 ≤ 0.1%。

10.8.2　适用范围

适用于环境恶劣场地，以及监测频次高、精度要求高的地层沉降分层监测工程。

11 吊装运输

11.1 空间受限高处就位设备液压提升技术

空间受限高处就位设备液压提升技术是指利用已有建筑结构，在满足提升高度处布置临时承重梁及液压提升装置，设备底部就位于液压爬行推进溜尾装置上，采取上提下平移递送吊装工艺，完成设备在建筑结构内高处就位的技术。

11.1.1 技术要点

（1）采用"双梁双索提升同步滑移法"吊装工艺，设备姿态经过垂直提升抬头＋尾部托排递送→逐渐竖立→提升至安装标高→就位。利用工程结构适宜标高处的结构梁作为承重梁，在其上放置两根钢结构箱型梁承受吊装荷载；箱型梁上方布置液压提升装置穿钢绞线垂直提升设备；采用液压爬行推进溜尾装置，使设备尾部水平滑移至垂直状态；设备倾角达到75°时，尾部施加水平反向溜放力，缓慢完成设备脱排；液压爬行推进溜尾装置的滑移底排铺设在框架内，底排上安装滑移轨道，轨道上布置滑移底座，滑移底座与轨道之间使用两套液压爬行器使底座在轨道上平移；将设备尾部放置在两套滑移底座上，通过计算机集中控制两套液压爬行器推进设备平移，完成溜尾作业。

（2）技术指标：

1）放置钢结构箱型梁的框架结构梁应经原设计确认；

2）钢结构箱型梁应通过安全性校核，结构安全等级宜为二级；

3）钢结构箱型梁布置方向与设备水平平移状态垂直；

4）液压泵站配置应满足提升速度和提升能力的要求；

5）液压提升能力为吊装荷载的 1.25～2.5 倍；

6）吊装设备提升速度应与溜尾装置水平滑移速度相匹配；

7）设备整体晃动不应大于 ±100mm，安全距离大于 500mm；

8）液压提升装置千斤顶间距满足提升设备姿态变化时，钢绞线与设备安全距离大于 150mm，且吊耳上方没有刚性障碍；

9）滑移底座直线平移偏离允许偏差 ±50mm。

11.1.2 适用范围

适用于框架内采用上提下平移法（下穿法）就位高处设备施工。

11.2 大型门架式液压起重机吊装技术

大型门架式液压起重机吊装技术可采用提升及顶升两种工艺。针对石化装置大直径超高超重设备，多采用非常规单（双）门架，在顶（底）部布置多台液压提（顶）升装置同步主吊设备，溜尾采用履带式起重机（溜尾机）进行递送，完成设备吊装作业。

11.2.1 技术要点

（1）门架塔架是由标准节、底节、顶节、顶升套架、油顶、泵站、计算机控制系统、过渡节、塔身平台、提升大梁、桁架、导线架、塔身扶梯等组成；采取多组液压提升器的布置方式，塔架基础节采用法兰盘与地面井字架底座连接；缆风系统是由锚固系统和液压提升缆风组合系统构成；溜尾系统采用拉板和钢丝绳圈组合，实现设备溜尾吊耳和履带式起重机吊钩连接；在设计设备主吊耳和溜尾吊耳时，需要综合考虑主吊耳和溜尾吊耳的受力、设备吊装时整体稳定性、安装方位、设备预焊件位置、设备壁厚等因素的影响，主吊耳宜采用管轴式吊耳，溜尾吊耳宜采用板式吊耳。

（2）技术指标：

1）门式塔架的垂直度偏差 $\leqslant H/1000$（H 为门架高度），不直度 $\leqslant 50\text{mm}$；

2）缆风绳与地面夹角小于 $30°$；

3）门架在整个顶升过程中，缆风拉力值允许范围 $200 \sim 350\text{kN}$；

4）当设备倾角 $\leqslant 70°$ 时，吊点与塔架中轴线倾角 $\leqslant 1°$；

5）当设备倾角 $> 70°$ 时，吊点与塔架中轴线倾角 $\leqslant 0.5°$。

11.2.2 适用范围

适用于门架式非常规起重机吊装超高、超大、超重设备作业。

11.3 框架层间设备运输安装施工技术

框架层间设备运输安装施工技术是指多层框架施工完成后，框架层间两个独立基础上安装的大直径超长卧式设备，多采用沿设备长度中心轴线方向铺设前后两台滑移装置抬送设备至基础上就位的技术。

11.3.1 技术要点

（1）地面层安装设备直接在地基处理后安装滑移装置，地面层以上安装设备需在框架外设置设备临时支撑钢结构，以延伸滑移装置工作行程。

（2）滑移装置主要是由滑移底座、滑移轨道、滑移支座、爬行器、泵站组成。滑移底座位置直接放置在预先处理好的溜尾场地上，滑移轨道通过滑移底座上的专用卡板固定在滑移底座上。滑移支座设计为整体箱形结构，两侧安装有尼龙限位挡板，顶部承载设备。滑移底座通过底部的尼龙限位挡板与滑移轨道接触，尼龙限位挡板上有与滑移轨道表面弧面相同的凹槽，保证滑移支座与滑移轨道的良好接触，同时具有一定的防偏滑效果。爬行器是由夹持机构和顶推油缸组成，夹持机构能够在油缸伸缸或缩缸时自动夹紧滑移轨道，而油缸缩缸或伸缸时自动打开夹持装置，推进滑移支座的滑移。爬行器上安装压力和位移传感器计算机系统实现对现场数据的采集和远程控制，确保两台滑移装置同步。

（3）技术指标：

1）滑移轨道的水平度，沿长度方向平面内弯曲，每2m检测长度上的偏差不应大于1mm；立面内弯曲，每2m检测长度上的偏差不应大于2mm；

2）滑移轨道中心与安装基准线水平位置偏差不应大于5mm；

3）滑移轨道接缝与滑移底座接缝间距≥500mm；

4）前后滑移装置同步移位偏差不应大于3mm。

11.3.2　适用范围

适用于装置框架层、厂房内大型设备水平运输至基础就位，如大型干燥机、卧式磨机、模块化设备机组、大型变压器等。

11.4　钢结构、管廊模块化吊装技术

钢结构、管廊模块化吊装技术是指将钢结构、管廊框架（包括其中的设备、管道、电气、仪表等各部件）整体分解为若干结构稳定的单元模块，在地面预制完成后进行整体吊装作业的技术。

11.4.1　技术要点

（1）钢结构、管廊模块应以框架整体结构为基础进行相似性划分，在不改变结构组成，以及尽量减少高空焊接及安装工作量的同时，选择框式结构、片式结构等模块结构的划分方式，使其更具稳定性。划分模块尺寸应与现场起重机械的使用情况相结合，相邻模块连接部位应留设在便于现场施工的位置。

（2）钢结构、管廊模块结构的安装宜遵循先里后外、先低后高的吊装顺序。钢结构吊耳优先设置板式吊耳，根据结构形式及模块重心在模块立柱顶端或内侧上部分别设多组吊耳；应准确计算出模块重心位置，并合理配置吊装索具，保证模块吊装时不倾斜；同时为了避免吊装荷载过于集中而将钢结构拉扯变形，吊耳设在立柱内侧有横

梁连接的交会处，为防止局部荷载过大导致结构变形，可采用槽钢等对模块进行加固，确保横梁可以抵消局部荷载过大而产生的弯曲变形。

（3）钢结构、管廊模块设置导向定位装置，当上段模块吊装到距下段框架约500mm时，在上下段模块对应的两组立柱之间采取相应措施，稳住上段模块防止其摇晃，再缓慢地松开上段模块，使其立柱进入导向定位装置；然后在导向定位装置的限位下，上模块缓慢行进，最终找正上下模块，组对完成。

（4）技术指标：

1）拼装时节点处型钢与节点板间缝隙不允许超过3mm；高强度螺栓连接的构件，其误差不允许超过2mm；

2）地面组模柱轴线、相邻轴线对角线误差不超过3mm，相隔轴线对角线误差不超过5mm，地面拼装的模块柱轴线间距与已安装到位的下节柱轴线间距误差不超过5mm；

3）导向定位装置的导向斜面长度宜控制在300m左右，定位间隙（横截面距离）宜控制在2mm左右；

4）使用四个以上主吊点进行吊装时，索具设置应保证每个吊点皆能均衡受力，严格控制成对钢丝绳扣的绳长精度，相邻钢丝绳索间的长度误差不得超过200mm。为保证吊装受力均衡及保持模块水平，可根据模块的外形尺寸及质量合理使用平衡梁或桁架。

11.4.2　适用范围

适用于钢结构、管廊框架模块化吊装。

11.5　球罐整体运输吊装技术

球罐整体运输吊装技术是指采用大型履带式起重机对球罐进行吊装运输的技术。履带式起重机带载行走时，必须保证路面的平整度、承载力满足要求。

11.5.1　技术要点

（1）将妨碍球罐吊装的喷淋管、平台、附属管道拆除，使其不妨碍吊装管道的固定。为了球罐整体吊装的稳定性，首先对各支腿之间进行轮辐、轮缘状加固；然后利用球罐的立柱，在球罐中心以下相同位置重新设计、安装一组主吊耳，保证各吊装点的受力保持到最小。同时吊装索具长度必须相等。主吊钢丝绳扣中间部分与球罐支腿间连接件接触，两端部分与吊钩连接，钢丝绳与支腿间结构件接触部位垫设胶皮，以防钢丝绳磨损结构件。

（2）若履带式起重机带载行驶距离长，需准备钢板备用。带载行走过程中，球罐需处于起重机行进路径正前方。中途停歇时，将球罐落在备用钢板上，此时履带式起重机不能松钩，防止球罐倾斜。

（3）履带式起重机行走范围内路面地基承载力必须满足吊装作业要求。

（4）技术指标：

1）吊耳应通过强度核算，吊耳焊缝均为满焊，焊缝尺寸不小于相连构件的最薄厚度，接头处设置 45°坡口，焊接完成后做 100% 磁粉检测，Ⅰ级合格，并出具检测报告；

2）索具要设置合理，保证每个吊点均能均衡受力；

3）试吊按 20%、30%、40%、50%、60%、70%、80%、90%、95%、100% 分级加载，确保球罐受力正常；

4）行走过程中，保证吊车负荷率保持在 80% 左右；

5）履带式起重机行走道路加宽至吊车整车宽度的 1.5 倍，换填深度满足地基承载力要求，压实系数大于 0.94。路面平整度误差在 ±（20 ~ 50）mm。

11.5.2　适用范围

适用于大型球罐整体吊装运输作业。

11.6　SPMT 板车运输就位化工设备施工技术

随着化工设备模块化制作规模的不断扩大，现场越来越多地采用 SPMT 板车运输就位化工设备施工技术。主要工序包括模块运输道路修铺（路面修铺、路面测试）、模块运输（道路清障、车辆检测测试）、模块安装就位（模块就位、测量检测）等。

11.6.1　技术要点

（1）运输路线勘测后，清除道路障碍物并进行地基处理，检测验收合格。

（2）根据运输模块的外形尺寸及总重量选配 SPMT 模块运输车，拟配车辆的基本参数包含运输车的纵列及轴线的配置、车辆可承载总质量、车辆自重、单轴荷载、每平方米压力、转弯内外半径、内外扫空半径及配车图。

（3）通过建立有限元计算模型并进行运输力学分析，确定是否需要对模块结构进行加固。通过计算模块重心，确定 SPMT 板车与模块结构的相对位置，编制模块结构加固方案，通过设置运输支撑钢梁、斜撑、辅助钢梁作为顶升结构，辅助 SPMT 板车顶升转运。

（4）当采用两列模块车时，需进行车架连接梁的硬连接，以确保两列模块车运输同步。

（5）技术指标：

1）采用原位试验法进行地基承载力试验，且保证每 100m² 面积内有一个检验点；

2）计算重心高度，并要求运输模块侧向稳定角最低为 7°，一般侧向稳定角控制在 9° 或以上；

3）运输支撑梁、斜撑等加固构件的焊接，在钢构件翼缘、腹板开 45° 坡口（角度偏差 ±5°），组装间隙控制在 4~6mm；

4）按照 SPMT 板车上装置模块总荷载值的 25%、50%、75%、90%、100% 进行多级液压顶升，上一阶段顶升完成后，静止 10min 再进行下一阶段顶升，如此循环；

5）两辆 SPMT 板车共同使用时显示的压力不得超过 10%；

6）运输时保证 SPMT 板车匀速行驶，重载行驶速度宜不大于 5km/h；空载行驶速度宜不大于 10km/h，特殊道路及转弯处速度不大于 1km/h。

11.6.2　适用范围

适用于各种大型装置模块整体运输就位，如大跨度管廊模块、大型球罐模块、大型脱汞单元模块、大型裂解炉模块等。

11.7　低温储罐拱顶气顶升施工技术

低温储罐拱顶气顶升施工技术是指混凝土外罐施工完成后，在储罐罐底进行外罐拱顶和内罐吊顶的组合安装，在拱顶四周设置密封装置与外罐形成密闭空间，然后运用鼓风机送气顶升安装罐顶的施工技术。

11.7.1　技术要点

（1）在储罐罐底完成外罐拱顶和内罐吊顶的组合安装，利用外罐筒体与拱顶结构形成相对密闭空间的结构特点，通过鼓风设备向密闭空间强制送入大量的空气，从而在储罐内外产生压力差。当压力差产生的总浮力大于需要顶升的重量并克服摩擦阻力后，拱顶开始上浮直至安装高度。气顶升系统主要是由导向装置、密封系统、动力系统等组成。

（2）导向装置引导罐顶垂直升起，其结构是平衡钢丝绳的上端固定在承压环上，通过承压环上的 T 形支架，下行绕过罐顶上安装的转向滑轮，然后经过中间滚轮上行穿过罐顶中心滑轮组，再下行把钢丝绳下端固定在罐底中心钢丝绳固定架上。

（3）密封系统是指通过安装密封材料使储罐穹顶与混凝土罐壁形成一个相对密封的空间，主要包括穹顶四周与混凝土罐壁密封、混凝土罐壁临时门洞的密封及穹顶开孔部位的密封。

（4）由动力系统鼓风机向密封空间充气，在平衡系统的作用下，保证拱顶在平稳上升的同时对拱顶起定位和导向作用，防止倾翻、旋转错位和卡死。

（5）技术指标：

1）风压计算按照 1.2 倍穹顶重量考虑；

2）通过风门控制进风量，气顶升的速度平均控制在 200mm/min，最大不超过 300mm/min；

3）平衡系统钢丝绳初调预紧拉力为 10kN；

4）密封材料搭接长度为 100～150mm；

5）导向装置控制罐顶起升水平面旋转不大于 5°；

6）气顶升过程中，预顶升时拱顶最大倾斜值小于 200mm。

11.7.2　适用范围

适用于 10000m³ 及以上大型双壁双顶低温储罐拱顶（及其内吊顶）气压顶升施工。

11.8　千吨级化工设备吊装技术

大型石油、化工项目，自重超千吨设备外形尺寸大。该技术选用大型履带式起重机单主机抬吊递送法工艺吊装设备，工艺成熟、安全可靠，机械效率高，吊装工期短。

11.8.1　技术要点

（1）采用单主机抬吊递送法吊装千吨级以上设备，主机可选择大型履带式起重机，溜尾递送可采用大吨位履带式起重机（溜尾机）。

（2）吊装前，必须按照方案检查合格后进行试吊；确认无误签发吊装令后，再进行正式吊装。

检查确认内容包括：吊装方案、机械资料、索具资料、特种作业人员证件等吊装技术资料；场地、机械、索具系挂、设备吊耳、附件、警戒设置范围等现场联合检查。

（3）吊装作业时，主吊机、溜尾吊机在吊装主指挥和副指挥发出的信号下，主吊机提升，溜尾吊机行走递送，并且在这个过程中始终保持主吊机的吊钩垂直，直到设备直立；随后溜尾吊机松绳落钩，拆除溜尾索具，由主吊机单独吊着设备进行提升、回转、行走、变幅、下降等动作，完成设备的吊装就位。

（4）技术指标：

1）根据装置平面布置，综合考虑设备及内件、劳动保护、工艺管道、保温或保冷、电气仪表、吊耳及加固、吊钩和索具（含平衡梁）等重量，以及吊装空间环境等因素选择吊装机械；

2）依据设备综合因素，进行吊耳设计、加固；应用吊装软件对吊耳进行应力分析，并对吊耳进行优化；

3）通过三维动画 1∶1 模拟仿真，验证吊装工艺的可行性；

4）通过现场吊装模拟，规划吊装场地预留。

11.8.2　适用范围

适用于大型石油化工项目千吨级以上设备吊装。

11.9　大型催裂化反应器封头＋旋风整体双机抬吊技术

大型催裂化反应器封头＋旋风整体双机抬吊技术是指大型催裂化装置反应器、再生器的封头＋内部旋风分离器采用双主机直接提升法工艺进行整体吊装作业的技术。

11.9.1　技术要点

（1）根据反应器（或再生器）封头＋旋风分离系统以及衬里重量等，在封头上设置四组板式吊耳，采用两台大型履带式起重机对反应器封头＋旋风分离系统进行整体吊装。每台起重机通过吊装索具系挂在两组板式吊耳上，通过试吊检查确认，并对两台吊机进行分级加载，直至封头及旋风分离系统离开支座；然后两台吊机进行提升、行走、回转、变幅、下降等动作，使反应器封头就位于设备筒体上，进行封头与筒体组对；焊接完成后，拆除两台吊机的索具，两台吊机拆车撤场。

（2）技术指标：

1）反应器（或再生器）封头，设计板式吊耳四组以上；

2）封头内部需进行吊装加固；

3）应用计算机软件对封头进行局部应力及整体稳定性分析；

4）通过三维动画 1∶1 模拟仿真，验证双机吊装工艺的可行性；

5）通过现场双机吊装模拟，采集两台吊车同步性相关参数；

6）吊装时，起重机臂杆与封头之间的距离大于 500mm。

11.9.2　适用范围

适用于炼油、化工项目中，大型催化裂化装置、催化裂解制乙烯（DCC）装置、DMTO 装置的反应器（或再生器）封头＋旋风分离器整体吊装。

11.10　大型卧式设备空中翻转吊装技术

大型卧式设备空中翻转吊装技术是指针对石油化工项目中安装有外伸接管等附

件（形状类似仙人掌、水包等）的大型卧式设备，由于设备装车方位与就位方位偏差90°，需要主吊及辅吊将设备提起在空中翻转90°作业的技术。

11.10.1 技术要点

（1）卧式设备竖直方向底部、顶部伸出接管、水包等辅助附件，设备运输时，为降低高度，设备运输与就位位置互差90°。设备吊装就位之前，需要在空中翻转约90°。为此，需要在设备本体上对称设置4只主吊耳和2只翻转辅助吊耳，吊耳两侧需设置加强筋，以确保筒体结构安全。

（2）采用1台主吊机、1台辅助吊机完成设备翻转。主吊机通过吊装钢丝绳扣（上索具与吊钩、卸扣、滑轮、平衡梁连接，下索具与滑轮、卸扣、吊耳连接）、平衡梁、滑轮组、卸扣等与4只主吊耳连接，辅助吊机通过钢丝绳扣、卸扣与2只翻转辅助吊耳连接。索具系挂完毕，检查无误后，双机抬吊，将设备抬离支座约1500mm，运输车辆撤走，主吊机提升，辅助吊机落绳松钩，完成设备翻转，使设备水平，最后进行设备吊装就位。

（3）技术指标：

1）根据设备、吊车等参数，进行主吊耳、辅助吊耳设计，必要时进行局部加固；

2）应用计算机软件对设备吊耳进行应力分析；

3）利用钢丝绳扣、撑杆、滑轮、卸扣等组合，实现设备的空中翻转；

4）两台起重机吊装重量不得大于其额定起重量的80%。

11.10.2 适用范围

适用于石油化工项目中复杂结构卧式设备空中翻转施工。

11.11 大型化工设备吊装场地软弱地基处理技术

大型化工设备吊装作业时对地基承载力要求较高，特别是沿海石油化工项目，软弱地基承载力往往不能满足要求。大型化工设备吊装场地软弱地基处理技术是指通过精确计算获得地基承载力需求后，采用换填或打桩工艺对地基进行处理，以满足吊装安全作业的地基承载力要求的技术。

11.11.1 技术要点

（1）软弱地基是指由淤泥、淤泥质土、冲填土、杂填土或其他高压缩性土层构成的地基。

（2）当软弱地基相对固定，不具备流动性时，现场一般采用换填法进行吊装场地的处理。根据吊装需要的地基承载力要求，开挖一定的深度，采用毛石、片石等进行换填处理，每层处理深度500mm（粒径不小于300mm）；然后进行分层碾压夯实，再进行第二层、第三层等处理，最上层铺设200mm厚碎石找平，并进行地基承载力检测，地基检测大于或等于2倍要求的地基承载力即可。

（3）当软弱地基周围地质流动性大、地质较差时，在吊装区域，首先需打钢板桩，将吊装受力区域固定圈起来。然后根据地质和所需地基承载力，确定开挖深度（必要时，在底部铺一层用竹板编织的模板），采用毛石、片石等进行换填处理，每层处理深度600mm（粒径不小于600mm）左右；利用大石料回填，小石料灌缝，并进行分层碾压夯实；再进行第二层、第三层等处理，最上层铺设200mm厚碎石找平；处理完成后，进行地基承载力检测，地基检测大于或等于2倍要求的地基承载力即可。

（4）采用塔架系统吊装时，塔架基础与设备基础统一设计，一般需打桩处理，并设置钢筋混凝土承台，以满足塔架吊装安全。

（5）技术指标：

1）地基开挖到设计深度，分层回填，底部宜采用大直径石料；

2）地基每层厚度控制在500~600mm，大石料回填，小石料灌缝，夯实；

3）地基顶层用碎石找平；

4）地基检测不小于2倍地基承载力要求；

5）特殊区域地基首先采用打钢板桩支护。

11.11.2　适用范围

适用于软弱地基、沿海区域的大型炼化项目、风电项目的大型设备、风机的吊装场地处理。

11.12　大型工业炉窑炉顶塔吊施工技术

大型工业炉窑炉顶塔吊施工技术是指将塔式起重机（以下简称塔吊）安装在工业炉体顶部垂直运输部件，代替大型起重机作业的技术，具有不占地面场地、作业半径大、转臂灵活、吊钩升降快、经济性好等优点，可快速完成工业炉窑钢结构框架、梯子平台、工艺管道及炉体其他部件的吊装任务。

11.12.1　技术要点

（1）塔吊选型及安装位置要保证塔吊的吊装能力满足最重部件的吊装、塔吊旋转半径应覆盖所有吊装部件、塔吊高度不与其他吊车或建筑物相互干涉、塔吊安装位置应确保炉顶钢结构框架有足够的承载能力，同时还需综合考虑吊装覆盖面和物资供应面，并兼顾自身装拆方便等。

（2）塔吊通过制作加装过渡性钢结构基座安装在炉顶钢结构框架上，钢结构基座与钢框架之间、塔吊底座与钢结构基座之间采用螺栓连接或者焊接连接。钢框架基础承载力、过渡性钢结构基座、连接螺栓和连接焊缝需要进行受力核算。

（3）技术指标：

1）塔吊安拆专项施工方案应符合危险性较大的分部分项工程安全管理规定；

2）塔吊安装完成后，应全面细致检查并进行空负荷、静负荷、动负荷试验，并应符合国家现行标准《塔式起重机安全规程》GB 5144、《塔式起重机安全评估规程》GB/T 33080、《建筑施工塔式起重机安装、使用、拆卸安全技术规程》JGJ 196 的相关规定；

3）炉顶塔吊安装与使用应符合现行特种设备安全技术规范《特种设备生产和充装单位许可规则》TSG 07、《特种设备使用管理规则》TSG 08 的相关规定。

11.12.2　适用范围

适用于大型工业炉中数量大、单重小的部件吊装。

12 预试车

12.1 低噪声蒸汽吹扫技术

低噪声蒸汽吹扫技术是指利用在管道吹扫端口安装一种临时、简易、方便的消声装置，以降低管道蒸汽吹扫过程噪声的环保技术。消声装置可现场临时制作，操作便捷。

12.1.1 技术要点

（1）临时消声装置结构如图 12-1 和图 12-2 所示，由管槽本体、固定系统、消声系统等构成；可现场按图加工。

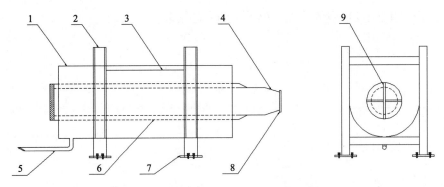

图 12-1 消声装置平面示意图和侧面示意图

1—管槽；2—槽钢支架；3—加强角钢；4—同心异径管；5—排净口；6—套管；

7—支架底座；8—法兰；9—加强筋板

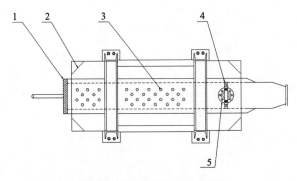

图 12-2 消声装置的俯视示意图

1—堵板；2—加强三角板；3—消声孔；4—靶板；5—法兰孔

（2）将消声器管槽固定在地面或稳固的框架上，将需吹扫管线通过临时管线与消声器装置连接，开始蒸汽吹扫。

（3）在进行管线吹扫过程中，检查蒸汽吹扫质量时，可将靶板固定在消声器的靶板安装处，通过观察吹扫过程中靶板污物分布、异物粒径分布、靶痕、靶深等判断蒸汽吹扫结果是否合格，吹扫过程中如果有凝液可通过排净口就地排放。

12.1.2 适用范围

适用于蒸汽管道吹扫降噪作业。

12.2 低温设备和管道微波干燥吹扫技术

低温设备和管道微波干燥吹扫技术是指在低温设备和管道吹扫过程中将微波导入设备和管道内，利用水是极性分子的特点，使容器和管道内壁的水分子快速扩散到内部空间并被吹扫气体快速带出，进而大大缩短干燥时间，提高吹扫效率的技术。

12.2.1 技术要点

（1）低温设备微波干燥吹扫技术

1）将微波馈入装置装入低温设备内部，设备内部可作为谐振腔，微波在设备内谐振，容器内的水分子快速扩散到容器内空间，随着空气吹扫被带出容器外。

2）可选用波导管作为微波馈入装置，波导管尺寸与微波频率有关，2450MHz 微波的矩形波导管外形尺寸为 BJ26：86mm×43mm，915MHz 微波的矩形波导管尺寸为 BJ9：248mm×124mm。一般来说，罐体上只要有接管直径大于 100mm，就可以使用 2450MHz 的微波。对于 915MHz 的微波需要 300mm 以上的接管，也可单独设计一个专用的微波导入口。

（2）低温管道微波干燥吹扫技术

1）将微波馈入装置装入管道内部，并在管道内增设短路孔板，使得管道内部的空腔形成一个细长的微波谐振腔。管道系统中法兰处的垫片为非金属垫片时，在缝隙处增设金属屏蔽圈或金属屏蔽罩。

2）长距离管道系统一般作为一个谐振腔，也可利用管路中的阀门作为短路端设置谐振腔的长短。带有分支的管道，可利用管路系统中的阀门分隔成不同的谐振腔，气流和微波可以间歇式开启与关闭。可安装多个微波源，从一个或多个馈入口输入微波。吹扫气体可以从任何一个方向进入，既可以与微波同向，也可以反向。

3）管道内径在 71.6～191.5mm 范围内的管道选用 2450MHz 微波源，管道内径大于 191.5mm 的管道可以选用 2450MHz 和 915MHz 两种频率的微波源。

（3）技术指标

1）靶板检查合格；

2）管道内气体露点应满足设计要求。

12.2.2　适用范围

适用于石油化工行业设备和管道吹扫干燥作业。

12.3　管道自控爆破吹扫技术

管道自控爆破吹扫技术是指在爆破吹扫技术中采用一种基于 DSP 控制的反馈式工业金属管道自控吹扫装置，在一定程度上实现爆破吹扫过程自动控制的吹扫技术，效率明显提高。

12.3.1　技术要点

（1）根据管道施工图结合实际工艺流程，合理划分爆破吹扫系统，尽量保证划分的吹扫系统有足够的管容，管线长度不宜超过 500m。

（2）采用一种基于 DSP 控制的反馈式工业金属管道自控吹扫装置，包括 DSP 控制模块、气源控制模块、电动阀控制模块、检测模块、反馈模块、管道异径转换模块，如图 12-3 所示。

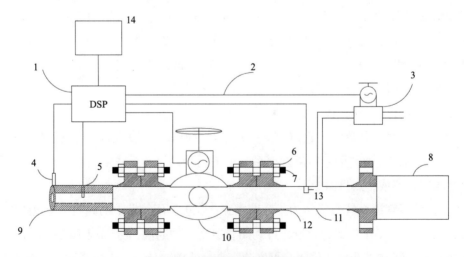

图 12-3　爆破吹扫装置结构图

1—DSP 控制系统；2—信号传输线；3—电磁阀（控制空压机气源）；4—红外线传感器 AM612；5—灰尘浓度传感器；

6—配套螺母；7—全螺纹螺柱；8—异径转换模块；9—出口消声装置模块；10—爆破吹扫电动球阀（法兰式）；

11—钢管；12—配套法兰；13—半导体压电阻压力传感器；14—LED 显示模块

利用压力传感器和灰尘传感器采集管道内压力情况、吹扫后靶板的洁净度情况，当检测靶板上的灰尘不满足洁净度要求时，爆破吹扫装置注气升压，达到设定压力时（0.3~0.5MPa）控制电动快开球阀开启，高速喷出的气流将管道内的焊渣和其他杂物带出；吹扫结束后用灰尘传感器再次检测靶板洁净度，反复数次，直至达到管道吹扫合格的规范要求。

（3）泄压口前端范围内禁止行人走动及堆放易损物品。爆破气流出口处 50m 半径内应设为禁区，设置醒目的警示标识牌，拉设警戒线并设专人看护。

12.3.2 适用范围

适用于石油化工装置 100mm ≤ DN ≤ 600mm 工艺管道的空气吹扫。

12.4 管道系统循环化学清洗技术

管道系统循环化学清洗技术是指采用化学试剂在系统内部循环清洗，通过化学试剂在管道内部产生的化学反应，使管道内壁的油脂、涂层残渣、污垢、铁锈等被分解溶解并排出，达到工艺运行的清洁度要求的一种管道清洗技术。

12.4.1 技术要点

（1）管道系统化学清洗一般要经过水洗升温、碱洗（脱脂）、水清洗、酸洗、中和处理、钝化处理、水冲洗、干燥等一系列程序。现场应根据管道实际情况，选择清洗溶液及清洗设备，确定清洗方法和流程，明确清洗溶液的浓度、温度、压力、流速、循环清洗时间等。

（2）根据管道材质和内部污垢情况及应达到的清洁程度选择清洗溶液。

1）酸洗：酸性溶液 [如 HNO_3、HCl、柠檬酸（$C_6H_8O_7$）等] 与管道内的铁锈、腐蚀、污垢等产生化学反应，使其被分解为可溶性物质。

2）碱洗：碱性溶液（如 $NaOH$、Na_2CO_3 等）与管道内的油污、蜡等产生化学反应，转化为可溶性物质。碱性溶液还能中和管道内的酸性物质。

3）中和：氨水（$NH_3 \cdot H_2O$）在循环清洗中作为酸洗后酸液中和剂使用。

4）钝化处理：亚硝酸钠（或亚磷酸钠）白色粉剂为循环清洗中钝化过程的主要药剂。

5）辅助药剂：三乙醇胺、硫脲衍生物、洗衣粉、金属洗涤剂等作为化学清洗过程中的辅助洗剂，在洗涤过程应合理控制使用。

（3）清洗前对工艺管道进行检查，确定清洗范围，拆除压力传感器、温度传感器等不能参与清洗的部件，安装清洗泵、槽等设备及临时管道，形成密闭循环回路，确保清洗时的安全。

（4）清洗过程中应注意工艺参数实时监控，如温度、压力、流量等。同时，应不断观察管道内部情况，确定是否达到清洗标准。

（5）清洗工作完成后，将清洗液按规定标准进行处置，达到排放标准后方可排放。

12.4.2　适用范围

适用于化工装置中清洁度要求较高的工艺管道系统的化学清洗。

12.5　LNG 储罐及配套工艺系统预冷仿真技术

LNG 储罐及配套工艺系统预冷仿真技术是指采用液氮 +LNG 的组合方式对储罐进行冷却，并利用 CFD 等数值模拟模块进行预冷过程模拟仿真，在确保安全的前提下可实现预冷过程的自动化、一体化、集成化控制的预冷施工技术，使预冷控制更加精确及高效。

12.5.1　技术要点

（1）储罐预冷工艺分为两个阶段：第一阶段氮气预冷，氮气预冷前期为气相预冷，缓慢打开液氮槽车气相手阀，观察温度变化。当温度在 1 ~ 2h 无明显变化时，缓慢切换液氮气相阀至液相阀，进行液相冷却，当储罐底板温度降至 –80℃时液氮预冷结束。第二阶段 LNG 置换预冷，采用不间断 LNG 预冷方式，直至储罐底板降温至 –160℃，储罐预冷结束，储罐方可正式进液。预冷过程中要分阶段适时进行冷紧作业。

（2）储罐预冷仿真的核心为 CFD 数值模拟模块，在 CFD 数值模拟模块中建立预冷 LNG 储罐及其配套工艺系统模型,在模型上建立网格对应预冷检测数据测点（温度、压力、应力、流量）分布；设置边界条件及初始状态参数；建立流体数学模型和结构变形数学模型。根据储罐预冷阶段设置储罐预冷介质流量，启动模拟分析验证，对储罐变形、温度、压力等进行分析，显示分析结果；根据结果及温降速率、热应力、相邻两测点温差、内罐压力等预冷参数限值要求，判定预冷介质流量设置是否正确，完成 LNG 接收站储罐预冷流固耦合仿真模拟，达到仿真模拟的效果，减少接收站储罐及其配套工艺系统预冷成本。

（3）技术指标：

1）建立储罐模型，建立网格；

2）设置边界条件；

3）设置初始参数；

4）建立数学模型。

12.5.2　适用范围

适用于 LNG 低温储罐及配套工艺系统预冷施工。

12.6　大型往复式压缩机单机试车技术

大型往复式压缩机通过在投料试运前的单机试车，发现并消除压缩机系统可能存在的问题，有效减少投料后的停车故障。

12.6.1　技术要点

（1）机组安装调试工作完成，水、气系统满足试运转条件，机组油循环合格。

（2）无负荷试运转：

1）断开联轴器，瞬间启动电动机，转向应正确，无异常现象；重新启动电动机，记录启动电流、电压、启动时间，连续运行 2h，运转平稳无噪声，电流、电压、轴振动、轴承温升应符合产品技术文件的规定。

2）回装联轴器，复查电动机、压缩机轴端间距和对中数据；组装飞轮和联轴器；拆下各级吸、排气阀，拆开出、入口管道法兰并设置一定的间隙，在气缸吸、排气阀腔口及吸入、排出管道接口处，装过滤网，过滤网应牢固。启动注油器，检查各注油点供油量；启动润滑油泵，调整各润滑点油压，并检查各润滑点的供油及回油情况；开启冷却水上水阀和回水阀，检查冷却水的压力及回水情况；启动盘车器，检查各运动部件。按操作规程启动电动机，当压缩机转速达到额定转速 5min 后，停机检查所有工作表面（压缩机十字头、大头瓦等运动部件）的发热情况，其发热温度应不超过 45℃；重新启动电动机，检查压缩机各运动部位的声响、各部位温度及振动情况，压缩机连续运转 4h，各项参数符合产品技术文件规定，则无负荷试运转合格。

3）压缩机一段气缸入口采用外来气源进行吹扫，其余各级管道及设备均采用机组逐级进行吹扫。各级吹扫时间不应少于 30min。

（3）空气负荷试车：

开启冷却水上水阀门，启动注油器；启动盘车器检查压缩机的运转情况，检查完毕后，应停止盘车，将盘车器手柄移至开车位置。启动电动机的通风机，启动压缩机无负荷运转 20min 后，分 3~5 次逐步加压至规定压力；每次加负荷时，应缓慢升压，压力稳定后应连续运转 1h 后再升压；压缩机在规定压力下连续运转 4h，各项参数值符合产品技术文件的规定，则压缩机组的负荷试运转合格。

12.6.2　适用范围

适用于石油化工项目大型往复式压缩机组的试车。

12.7　现场总线控制系统调试技术

现场总线控制系统（FCS，以下简称现场总线）是以数字通信代替传统 4～20mA 模拟信号及普通开关量信号传输，是全数字、双向、多站的通信系统。总线协议复杂，智能仪表组态参数多，该技术可有效提高调试效率和质量。

12.7.1　技术要点

（1）现场总线因采用数字通信，相对模拟信号传输，抗干扰措施要求更加严格，多数总线系统要求屏蔽接地采用多端大面积接地，以减少集肤效应。该技术采用专用接地端子，且在系统调试前逐一排查，确保接地可靠。

（2）将一个 FCS 接线箱内仪表全部上电后力争下装一次是该技术的创新之一。这样避免了 DCS 系统与接线箱反复进行下装，造成下装缓慢，浪费大量时间。该方法是 DCS 系统下装与 FCS 仪表建立通信的最优方法。

（3）使用支持总线功能的手操器，在接线箱 FCS 总线任意一块仪表或者主电缆通信均可以读取整个接线箱的仪表信息，这是 FCS 仪表技术先进性的体现。在接线箱就可以对接线箱所有仪表进行回路测试，使回路速度和回路调试效率大幅提升。

（4）技术指标：

1）联系工艺、设备、电气等各专业确认具备系统调试条件；

2）逐一回路测试合格；

3）操作界面画面显示正确；

4）控制系统测试符合设计文件；

5）安全仪表系统测试符合设计文件；

6）供电、通信冗余测试合格。

12.7.2　适用范围

适用于大中型石油化工装置 FCS 的调试作业。

12.8　集散控制系统调试技术

集散控制系统（DCS）在化工行业应用已基本普及，但随着通信技术及智能仪表技术的发展应用，特别是智能仪表以其高精密、高稳定性及在线参数调整等诸多优点，使得 DCS 调试的内容和要求也发生了较大的变化。该技术对智能仪表技术应用进行总结和规范，可有效提高 DCS 调试效率和质量。

12.8.1 技术要点

（1）使用匹配智能仪表的手操器挂在回路任意接线端子处，复核仪表位号及各参数设置，检查回路功能模块是否符合设计；需要迁移的仪表根据安装位置进行准确设置；差压流量回路应根据设计文件要求在现场仪表或系统软件功能模块内进行一次开平方设置；需进行冷端补偿的温度回路应检查确认无误。

（2）使用匹配智能仪表的手操器进行复核，最终确认仪表和回路参数无误后，分别用手操器强制输入／输出的 0%、50%、100%，在操作画面／调节阀（执行机构）端确认输入／输出无误，误差在规范允许范围内；确认画面显示、报警、联锁等符合设计。

（3）按设计文件规定的各仪表和部件设定值模拟运行条件，分项、分段直至整体验证安全仪表系统各逻辑步骤动作符合设计文件规定。

（4）技术指标：

1）联系工艺、设备、电气等各专业，确认具备系统调试条件；

2）逐一回路测试合格；

3）操作界面画面显示正确；

4）控制系统测试符合设计文件；

5）安全仪表系统测试符合设计文件；

6）供电、通信冗余测试合格。

12.8.2 适用范围

适用于大中型石油化工行业 DCS 的系统调试。

13 模块化建造

13.1 地下井室整体预制安装技术

地下井室整体预制安装技术是指井室结构件在工厂内完成预制，然后运输到现场整体安装的一种新型装配化工程技术，根据材质分为混凝土地下井室与钢结构地下井室两种。

13.1.1 技术要点

（1）混凝土地下井室预制主要包括模板设计、钢筋加工、埋设起重用吊耳、混凝土浇筑和养护等环节。钢结构地下井室预制主要包括下料、焊接组对、防腐等施工工序，所有工序施工必须满足设计要求或经设计单位确认。

（2）地下井室预制过程中，混凝土雨水检查井底板强度等级不低于C25，防渗等级不低于P4；污水检查井底板混凝土强度等级不低于C25，防渗等级不低于P6。严寒、寒冷地区，处于冰冻线以上的部分混凝土井室墙体，混凝土强度等级不低于C30，抗冻等级不低于F100。混凝土地下井室与回填土接触的部分要进行防腐处理。钢结构地下井室内外表面除锈等级不低于St2.5级，防腐层外观、厚度、电火花试验、粘结力应符合设计要求。

（3）预制井室运输到现场，就位于基础后，混凝土连接管进出混凝土井室部位采用灌浆浇筑工艺进行接口处理；柔性管道进出混凝土井室部位应设钢筋环梁固定管口，采用灌浆浇筑工艺进行接口处理；钢制连接管道进出混凝井室部位采用套管封堵工艺处理；钢制连接管道进出钢制地下井室直接采用焊接连接，从而保证井室的密封性和整体性，所有节点施工必须满足设计要求。

13.1.2 适用范围

适用于石油化工、煤化工装置阀门井、检查井、雨水井、排污井等各类地下井室安装工程。

13.2 大型承重钢结构框架模块化施工技术

大型承重钢结构框架模块化施工技术是指通过二次设计将复杂的承重钢结构分解

为一系列标准模块，在预制厂内预制生产，然后运输到施工现场进行组装和连接，最终形成完整的框架结构的施工技术。主要包括模块分割设计，运输/吊装方案设计，模块预制、加固，模块运输，模块安装等技术。与传统的现场制作安装相比，具有质量优、进度快、安全可靠等显著优势。

13.2.1　技术要点

（1）模块分割设计需根据模块结构连接形式、组装场地大小、道路运输条件及运输车辆能力等确定最大模块尺寸。当模块在异地工厂制造时，还应考虑工厂所在地和项目所在地的运输能力。

（2）在拆分过程中应设计模块间的连接形式、装配预留量，以及运输吊装加固措施等因素。

（3）模块预制场地需根据模块几何尺寸、机械作业通道、材料堆放场地、模块运输条件等，结合现场施工条件、项目整体施工计划、模块运输计划等合理布局。模块组装现场应结合模块的重量、尺寸充分考虑地面承载力、模块承受风载、竖向荷载、基础强度等因素进行基础设计。

（4）模块安装及就位可采用轴线车（SPMT）运输直接就位，也可采用SPMT运输、起重机吊装就位。预制模块的重心要详细计算及精准标识。超大模块应通过道路勘察、实测绘制运输路线。模块整体吊装宜采用单根或多根组合式平衡梁，设置多个吊点与模块的十字钢柱顶部吊耳相对应。

13.2.2　适用范围

适用于现场场地紧凑、框架外形尺寸大、工期要求紧的大型钢结构框架施工。

13.3　化工管廊模块化施工技术

化工管廊模块化施工技术是指根据管廊的结构特点、运输条件，以及安装场地等因素，将管廊划分为若干模块，在预制厂完成管廊模块所属的钢结构、管道、电气仪表、电信等安装，然后整体运输到施工现场进行吊装组对连接，最后进行电缆敷设等后续作业的技术，是一项技术性强，工序流程复杂紧凑的新技术。

13.3.1　技术要点

（1）根据管廊外形尺寸，结合管线、电气仪表桥架等分布及运输条件，通过二次设计合理分割成单独的管廊模块。管廊模块可以采用分层预制、整层吊装的方式进行组装。分层柱接头应采用全熔透型焊接接头连接。除图纸标识有焊缝坡口形式或连接接头设计指定用可拆卸螺栓连接外，所有搭接接头均应采用连续角焊密封焊接。

（2）模块框架的吊装应经设计验算，吊耳及吊点的设置应能满足钢结构框架的荷载，并且确保吊装过程中模块框架构件的均匀受力。

（3）模块内的管段在安装到模块框架之前，按照设计图纸完成管道组对焊接无损检测和热处理等工作，根据划分好的管道试压包，将具备条件的管段在地面进行压力试验。压力试验合格后，管段内部应确保清洁、干燥，在模块内完成管道防腐和绝热，做好相应成品保护。

（4）管道安装坐标必须按照模块工艺平面布置图纸及转化的管道单线图，同时应考虑现场组装 X、Y、Z 三个方向的对口余量。

（5）模块运输之前需增加结构强度，防止运输过程中结构变形。

（6）如需使用 SPMT 运输，应规划并设计好 SPMT 行走通道，确保达到模块运输过程中道路承载力的安全要求。

（7）需有专业人员提前勘探测量制定 SPMT 的行驶路线，必须按照路线图行驶。

（8）模块安装及就位可采用 SPMT 运输直接顶升落座就位，也可采用 SPMT 运输、起重机械吊装就位。

13.3.2　适用范围

适用于各种类型的化工管廊模块化施工。

13.4　工业炉模块化施工技术

化工工业炉按照部件功能分为辐射段、过渡段、对流段、集烟罩、烟道，并辅以汽包、废锅、烟囱、风机等配套设备。综合考虑工业炉结构形式、安装地点、运输条件及施工周期等因素，通过深化设计合理划分工业炉模块，在工厂完成工业炉模块化建造，现场进行工业炉集成化组装施工。根据工业炉模块化集成深度，可分为散件模块化施工、分段模块化施工、整体模块化施工。

13.4.1　技术要点

（1）散件模块化施工：

根据运输道路、现场吊装条件，对工业炉进行模块化二次设计，每一散件宽度都不超过运输道路宽度。其最大件辐射段箱体一般以结构柱为分段点进行最大化分片模块预制，分片端面需设计单位确认采用螺栓连接形式，以利于现场组装施工。各模块在现场由下而上以"搭积木"的方式进行总体安装。

（2）分段模块化施工

在运输和现场安装条件较适宜的情况下，工业炉可采用分段制作交货模式，可分为下部辐射段、中部对流段、上部集烟罩段和烟囱。其中下部辐射段由辐射室、炉顶过渡段、炉管、衬里等集合而成；中部对流段由对流模块、结构框架、废锅集合而成；上部集烟罩段由烟道、结构框架、集烟罩、汽包、风机、管路集箱等集合而成。现场安装施工可依据工业炉大小及运输、吊装情况，采用散件＋分段组合施工方式进行施工。

（3）整体模块化施工

对于中小型炉或满足运输条件的大型炉可采用整炉交付的方式。工业炉在预制厂或异地整体建造完成，采用 SPMT 运输车或船运的方式运至现场，整体落座安装。

（4）工业炉模块化后，尺寸、重量明显超大，运输及吊装过程应做好防变形措施。进行大型起重吊装作业前，需编制专项吊装方案，各级审批后严格执行。工业炉设备本体就是一个独立的单位工程，配套有衬里、炉管、工艺管道、电气仪表施工等，模块安装时需做好交叉作业的组织和协调管理。

13.4.2 适用范围

适用于石油化工装置加热炉、转化炉、裂解炉、余热回收炉等各类工业炉现场安装工程。对于整体交付的工业炉，对运输路线及现场条件要求较高的仅适用于沿海新建装置。

13.5 化工装置单元模块化施工技术

化工装置单元模块化施工技术是指将整个工程划分为不同的单元模块，对模块进行工厂预制后再运至现场组装的施工技术。随着施工装备制造水平和运输吊装能力的不断提升，大型综合单元模块化施工必然成为工程建设的发展趋势。

13.5.1 技术要点

（1）根据装置单元的工程量和在装置中的布局，结合预制场地、运输路线、吊装工艺，确定装置单元的模块化建造方式。若是分段模块工艺要积极与设计单位沟通，合理设计模块间的装配连接形式，模块之间的切割二次设计以及充分考虑管道焊口的增加及试压包的增加，确保安装的便捷性和可操作性。

（2）确定好预制场地后，依据装置单元的整体重量进行基础的地基处理。按照装置的设计图纸，建造临时组装基础，临时基础的高度需满足运输进车的要求。

（3）按照正常的装置建造程序，先下后上，先结构后设备，逐层进行装置框架的施工。待结构和设备主体完工后，进行工艺管道和电气仪表的安装。

（4）闭环管道和能进行分段试压的管道尽量试压完毕，有条件的保温和防腐工作也可施工完成，减少现场施工工作量。

（5）结构的外伸件及管道和电气仪表的接口如无特别安装要求，宜留在框架界限内，有利于就位和后期碰头安装。

（6）如采用 SPMT 落座安装方式，应提前预留好行车路线，并根据要求进行道路地基处理。运输时对模块进行有效保护，确保运输安全和防止框架变形。

（7）如采用起重机械吊装就位，框架上应提前设好吊装点和做好防变形措施，并制作吊装平衡框，防止造成装置吊装变形。

13.5.2　适用范围

适用于化工装置中具有独立框架结构的装置单元的安装工程。

14 数字化技术

14.1 数字化交付技术

数字化交付技术是指通过数字化平台，有效管理设计、采购、施工等阶段的工程信息，并将产生的数据、文档、模型以标准运维的模式提交给企业的技术，是一种区别于传统纸质文档交付的新型交付方式。

14.1.1 技术要点

（1）化工建设施工数字化交付宜与工程建设同步进行，交付信息与交工资料所对应的部分一致，交接双方应统一交付策略和交付基础，协调管理数字化交付工作，保证交付信息的顺利移交。

（2）交付基础工作包括工厂分解结构、类库、工厂对象编号规定、文档命名和编号规定、交付物规定等内容。

1）工厂分解结构宜根据工艺流程/空间布置划分，分解结构应与工厂对象和文档对应且数据关联；

2）类库应结构合理、层次清晰、内容完整和支持扩展，包括工厂对象类、属性、计量类、专业文档类型等信息及关联关系；

3）工厂对象编号规定需明确编号规则，满足唯一、可快速检索和定位的要求；

4）文档命名和编号规定需明确编号规则，满足唯一、可快速检索和定位的要求；

5）交付物规定应明确数据的颗粒度、文档交付清单及具体要求、电子文件大小上限及模型等交付格式。交付内容包括数据、文档和三维模型，交付的数据应按类库的要求组织并涵盖项目实施阶段，内容包括工厂对象属性值及单位；文档内容与项目原版文档一致。

（3）根据数字化交付策略及交付方案的制定，明确数字交付目标、组织机构和职责、遵循的标准、采用的信息系统、交付内容、组织方式、存储形式、交付形式、工作流程及进度计划。交付前应完成信息整合与校验，将相关方的数据、文档及三维模型等信息按照交付方案收集、整理、转换并建立关联关系，根据质量审核规则进行信息校验。信息移交按照交付方案约定的交付形式和进度进行。交付信息验收按照数据、文档和三维模型的交付清单执行。交付信息应完整、准确、一致。

（4）技术指标：

交付物中应明确数据的信息颗粒度及交付格式；明确文档交付清单内容及其他要求；明确电子文件的具体要求，包括名称及格式；明确电子文件大小上限；明确三维模型的交付格式，并确立质量审核规则。

14.1.2 适用范围

适用于化工工程项目设计、采购、施工直至工程中间交接阶段的数字化交付。

14.2 智慧工地管理技术

智慧工地管理技术是一种全新的工程全生命周期管理理念，其运用信息化手段，通过 AIoT+3D 数字化技术对工程项目进行全过程监管。围绕施工过程管理，建立互联协同、智能生产、科学管理的施工项目数字化体系，并将其在虚拟现实环境下与物联网采集到的工程信息进行数据挖掘分析，提供过程趋势预测及专家预案，实现工程施工智慧化管理，以提高工程管理数字化水平，进而逐步实现智慧建造。

14.2.1 技术要点

（1）智慧工地管理技术覆盖了项目"人、机、料、法、环"五大管理要素，通过BIM、物联网、云计算、大数据、虚拟现实及 AI 智能技术，实现工程全过程数字化、智慧化、科学化管理。

（2）技术指标：

1）数据采集与监控：系统具备实时数据采集和监控功能，能够自动采集施工现场的环境、人员、设备、材料等数据，并对其进行实时监控，确保施工过程的安全性和稳定性。

2）数据处理与分析：系统可对采集的数据进行快速、准确的处理和分析，通过数据挖掘和分析，为管理人员提供决策支持，优化施工方案，提高施工效率。

3）智能预警与预测：系统具备智能预警和预测功能，通过分析历史数据和实时监测数据，对可能出现的风险和问题进行预警和预测，及时采取措施进行防范和控制。

4）人员管理：系统具备人员管理功能，能够对施工现场人员进行实名制管理，记录进出工地的人员信息，并对施工人员进行安全教育和培训，增强人员的安全意识和技能。

5）设备管理：系统具备设备管理功能，能够对施工现场的机械设备进行监控和管理，确保设备的正常运行和安全使用。

6）质量管理：系统具备质量管理功能，能够对施工现场质量进行全面监控和管理，确保施工质量符合规范和标准。

7）安全管理：系统具备安全管理功能，能够对施工现场安全进行全面监控和管理，确保施工过程的安全性和稳定性。

8）进度管理：系统具备将各工序进度计划与 BIM 模型中的构件进行关联，通过系统准确地分析出进度计划的人、材、机等资源需求量，通过移动采集方式获取建筑实体进度，并与系统中的模型进行对比，进而得到进度偏差率。

9）协同作业与管理：系统具备协同作业和管理功能，能够实现各施工环节之间的信息共享和协同作业，提高施工效率和管理水平。

10）数据可视化与报表生成：系统具备数据可视化和报表生成功能，能够将采集的数据以图形、图表等形式进行展示，方便管理人员进行决策和分析。

11）移动端 App 应用：系统具备手机移动端应用功能，可以实现物料管理、安全质量巡检、设备检查管理、视频监控、环境监测等功能，进一步提高工地的智能化和安全管理水平。

14.2.2　适用范围

智慧工地管理技术为监管部门、建筑企业、工程项目提供覆盖全生命周期的一站式智慧工地监管解决方案，解决项目安全施工难点，提升工程建设管理效率，实现岗位及企业管理数字化、信息化，助力数字建造、智慧建造、安全建造、绿色建造。

14.3　工程量自动计算统计技术

工程量自动计算统计技术是指在项目建设过程中，应用 BIM 技术输出符合概预算需求工程量的统计技术。BIM 工程量自动计算统计可贯穿项目实施全过程，随着项目的不断深入，BIM 模型不断更新，工程量统计数据也同步更新。

14.3.1　技术要点

（1）依据图纸清单及软件功能梳理模型构件和非模型构件，形成模型构件和非模型构件清单。

（2）在 BIM 建模标准中统一 BIM 模型构件族库、命名规则等建模要求。

（3）依据图纸建立精细化 BIM 模型，确保模型构件的完整性、准确性、统一性。

（4）确定各类构件统计工程量所需的参数，包括物资名称、型号规格、参数、技术要求等。

（5）在 BIM 模型中添加并对参数填写进行规范。

（6）解析模型中统计工程量所需参数并以固定表样进行汇总，形成模型构件工程量。

（7）计算非模型构件工程量。

（8）汇总模型构件和非模型构件工程量，形成项目整体工程净量。

（9）技术指标：

1）工程量统计包含四个阶段：初版模型净量、精确版模型净量、消耗工程量、定额工程量。

2）依据图纸完成精细化模型即可计算统计出初版模型净量，用于材料招标询价；管线优化完成后可计算统计出精确版模型净量，用于成本测算；精确版模型净量结合企业施工损耗系数可形成消耗工程量，用于材料招标采购及过程管控；精确版模型净量结合定额计量规则可形成定额工程量，用于造价结算。

14.3.2　适用范围

适用于体量大、精度高、管线复杂的大型化工建设项目。

14.4　施工全过程 BIM 技术

施工全过程 BIM 技术是一种用于优化建筑设计和施工过程的技术。它将建筑物的数字模型与建设和运营过程中的各种信息相结合，以优化决策、提高效率、降低成本和减少环境影响，实现施工及交付全过程的 BIM 模型信息管理，达到提高设计质量与品质、加强施工管理与投资控制、便捷项目交付与运营管理的目标，实现 BIM 价值的最大化。

14.4.1　技术要点

（1）全专业模型建立：包括建筑、结构、机电等各个专业，模型精细度应达到 LOD300，以便于后续阶段的应用。

（2）碰撞检查：利用 BIM 软件进行碰撞检查，提前发现设计中的冲突和矛盾，减少施工过程中的返工和浪费。

（3）施工模拟：通过模拟施工过程，优化施工方案，减少施工过程中的不确定性和风险。

（4）进度管理：利用 BIM 软件进行进度管理，对施工进度进行实时监控和调整，确保项目按时完工。

（5）成本管理：进行工程量统计和造价计算，实现对项目成本的有效控制。

（6）质量管理：通过 BIM 技术对施工质量进行管理，确保工程质量达到预定标准。

（7）技术指标：

1）建模质量：评估 BIM 建模的效率和精度，包括建筑、结构、机电等各专业的建模能力和建模规则的定制能力。

2）数据管理：评估 BIM 数据的管理和应用效果，包括数据标准、数据交换、数据共享等方面的管理能力和应用效果。

3）协同能力：评估 BIM 协同设计的能力和效果，包括协同设计的流程、协同设计的工具、协同设计的沟通等方面的能力和效果。

4）模拟分析：评估 BIM 模拟分析的能力和效果，包括建筑性能模拟、结构分析、施工过程模拟等方面的能力和效果。

5）后期应用：评估 BIM 在后期应用中的效果和价值，包括运营管理、资产管理、维护管理等方面的应用效果和价值。

14.4.2 适用范围

适用于需要实现施工、运营数字化管理的工程项目。

14.5 长输管道数字化施工技术

长输管道数字化施工技术是指在管道施工过程中利用地理空间信息技术及实时动态测量技术，收集和管理管道本体和周边环境的数据，实现管道施工期间可视化进度展示、施工数据校验，同时为后期运营维护提供数据保障，实现管道全生命周期高效、便利、安全管理的施工技术。

14.5.1 技术要点

（1）管道数字化施工技术充分采用地理空间信息技术及实时动态测量技术，以数据收集、建库为首要核心，充分重视数据收集及其质量控制，强调数据的真实性、完整性、准确性及实时性，选择合适的管道数据模型，建立管道数据库。

（2）建立数字管道门户网站，通过权限管理将各个系统整合到一个统一的界面，支持各类组织、管理、工程信息的发布和管理，使用户能够远程登录，并进行快捷操作，实现实时跟踪与信息共享。使用施工数据填报功能模板，实现施工数据的及时填报、汇交和审核，最大限度地保障数据的准确性、及时性和完整性。

（3）采用实时动态测量技术，将管道系统的设计数据、施工数据、竣工数据、设备及人员资料、管理文档等全部实现数字化系统管理，通过局域网或互联网传送到数据库中，将各个线路单位不同数据融为一个整体，实现信息共享和协同工作。

（4）采用大型数据库对数据进行存储，空间数据中心可以管理、存储在数字管道建设和运营中获取的所有数据。

（5）通过计算机技术实现全线管道信息情况的形象化虚拟展现，使得数字化管道能够在准确、可视的三维地理信息分系统环境下展示在用户面前，使用户在办公室就可以了解全线信息。

（6）技术指标：

利用实时动态测量技术，测量精度可达到 10mm；整个线路采用北斗卫星定位控制，精度可达到 5m 之内。

14.5.2　适用范围

适用于长输管线的施工运营管理。

14.6　大型石化设备运输及吊装模拟技术

大型石化设备运输及吊装模拟技术是指运用计算机三维模拟和仿真技术，对大型设备运输及吊装过程进行空间运动模拟碰撞检查，生成符合规范要求的计算书并实现复杂构件有限元分析验算，同时生成施工过程模拟视频，提高设备吊装作业安全性和直观性的技术。

14.6.1　技术要点

（1）运用 Revit/Tekla Structure 对吊装设备或构件进行模型重构，运用 Dynamo/SolidWorks 建立参数化吊索具与吊车族库，实现吊索具物理信息与性能表一致。

（2）对构件及辅助设备定义与吊车间运动关联关系，使之与吊车同步动作，并记录运动轨迹。

（3）基于 NavisWorks 或 WebGL 平台，建立吊车的进退、旋转、臂角上扬下倾、起吊下降、回转等动作，并在运动过程中依据性能参数进行运动范围控制。

（4）设置安全距离，对吊装模拟过程进行动态监测与预警提示，实现作业半径实时验算。

（5）根据吊装验算参数实现符合国家现行标准《石油化工大型设备吊装工程规范》GB 50798，《石油化工大型设备吊装工程施工技术规程》SH/T 3515、《石油化工工程起重施工规范》SH/T 3536、《大型设备吊装安全规程》SY/T 6279 等验算要求的吊耳吊具、路基换填、吊索具、吊装荷载等计算。

（6）对于吊盖、运输支座、摘钩吊篮等不规则复杂构件，运用 Abaqus/Ansys 等有限元分析软件，建立约束、边界与荷载条件，输出应力、位移和稳定性云图，验算构件的强度、刚度和稳定性。

（7）运用 3ds Max/UE 对场地换填、SMPT 运输、设备装卸、挂钩摘钩、穿衣戴帽等工序环节进行可视化模拟与高帧率渲染，提高项目交底精细水平。

（8）通过建立大件运输车辆三维选型库，根据被运输设备的详细尺寸及重量进行自动选型，为设备运输提供最佳的车辆配置；通过转弯半径模拟，预测在复杂道路条件下运输的可行性，提前采取必要的措施，确保设备能够顺利、安全地送达目的地。

（9）运用 UE5/ 无人机倾斜摄影对关键线路及道路周边建筑物、管廊、路灯和消防设施进行高精度模型重构，模拟大件设备在运输过程中对周边设施可能造成的影响，提前进行预留或者预处理。

（10）输出关键帧动画、吊装计算书、有限元分析报告，生成三维吊装平立面图、吊索具系挂图，支持 X3D/vrml 等多种形式输出选型。

14.6.2　适用范围

适用于石油化工大型设备运输及吊装模拟施工。

14.7　工艺管道信息化管理技术

工艺管道信息化管理技术是指通过管理软件将工艺管道试压包包含的资料进行统计汇总分析，最后将工艺管道施工进度和质量控制信息以直观的形式呈现出来，便于合理安排施工计划及施工质量检查的技术。

14.7.1　技术要点

（1）工艺管道试压包划分后建立焊接数据库。一个项目所有区域的焊接数据库的格式必须统一且覆盖所有焊接信息，并及时更新，确保焊接记录、焊工持证符合要求。

（2）通过软件实现对单线图进行分析、识别，批量添加标识焊口，统计管件、法兰、支吊架、垫片等工程量信息并自动生成初步管道数据库。

（3）现场焊工完成施焊焊口的焊接信息数据。焊口信息数据应包含管道的材料信息数据（管线号、炉批号、规格、材质）、施焊时的焊接信息数据（焊工号、焊口号、焊接日期、质检员）及施工单位名称，通过软件拍照上传，完成焊口的信息录入。

（4）录入完成后，在软件中选定区域号和管线号，即可锁定管线信息。由软件识别焊口标识信息，自动采集管道规格、材质、焊口等信息，同时根据管道信息自动识别探伤比例。随后在系统中完善质检人、无损检测、热处理和焊接方式等信息，即可完成一项完整的焊接信息录入。

（5）利用软件对施工过程中管道焊接、无损检测、热处理等信息集成与共享，实现工程相关方各级管理人员实时掌握工艺管道中施工进度和质量控制等信息。

14.7.2 适用范围

适用于石油化工装置管道试压包的信息化管理。

14.8 储运及公用工程管道三维深化设计技术

储运及公用工程管道三维深化设计技术是指通过对储运、公用工程、消防给水排水等非关键工艺的管道进行三维设计和优化工作，生成精确的材料信息与焊缝空间信息，并基于模型二次细化预制深度，有效指导现场施工的技术。

14.8.1 技术要点

（1）完成建立中心文件及工作集、建立分项代码和出图标准、调用元件库与族库、挂接等级库与材料编码、基准点和标高归零处理等基础工作。

（2）配管模型分阶段绘制并组织审查，在30%模型阶段审查设备布置和管口方位、主要（管廊、公用工程干管、总管、高温高压、DN200mm以上）管道、地下排水/排污系统、重要设备（反应器、压缩机、加热炉、空冷器等）连接管道走向；60%模型阶段审查所有管道模型、重要管道的支吊架、消防系统、流程图与施工图对比核查；90%模型阶段审查管道支吊架布置、伴热和疏水管道的布置检查、管道净空和埋深、管道间距、放空放净合理性。

（3）地下部分对埋地给水排水消防管道标高、管井预留管道标高、管道与电缆沟位置、排水沟位置进行碰撞检查；地上部分对管道与钢结构碰撞、管道与桥架布置碰撞进行检查，并应对管道与仪表、设备接口法兰布置与材料的一致性进行检查。

（4）根据工区划分、模型布置与切管原则，完成焊缝参数化批量生成，挂接焊缝与所焊接元件属性，形成唯一性编码，导出对应工区带焊缝信息的ISO图纸、焊缝数据表和材料表，实现图纸与焊接数据库同步发放。

（5）根据焊缝坐标、焊接元件类型、切管长度数据等原则编制预制现场焊缝优化程序，提高预制深度比例；并返回模型，结合楼层划分、设备管口、操作平台进行预制合理性二次审查；重复执行该过程2~5次，直到所有预制管段得到遍历，最大限度地提高预制深度与合理性。

14.8.2 适用范围

适用于石油化工公用工程、系统工程、储运工程的管道施工。

14.9 基于 BIM 的化工钢结构数字化建造技术

基于 BIM 的化工钢结构数字化建造技术是指利用钢结构 BIM 模型的物理和空间数据，以构件和连接件为标准单元，建立符合钢结构加工、运输和安装过程的数字孪生云平台，提高钢结构施工各环节进度可视化和技术资料同步应用水平的技术。

14.9.1 技术要点

（1）运用 Tekla Structure/Revit 软件对构件进行建模与节点深化设计，形成单元号、框架号、钢印号、构件类型、规格、重量、轴线、标高等元件基础模型信息。

（2）对构件钢印号、焊缝编号、螺栓清单、连接板与焊接垫板编号进行参数化批量处理，形成与材料供应数据一致的材料编码信息并自动编号，生成基础信息表。

（3）基于 Autodesk 及 Trimble 开发者工具进行模型软件参数化定制；以通用 IFC 标准 +WebGL 图形平台作为基础数据和云端服务器的中继媒介，渲染交互式三维图形，实现压缩率超过 70% 的模型轻量化转换；通过集群系统和分布式文件系统，实现云计算存储、模型数据管理与虚拟运算；结合进度模型的实时查看，实现指挥舱投屏、航拍 VR 显示等功能。

（4）运输管理模块以打包装箱为管理单元，批量生成装箱清单和对应的唛头二维码，扫码显示箱件构件信息；现场管理模块包括位置更新、进度统计、焊接管理、防腐防火管理，通过日报实时更新录入系统，方便查找构件实时位置、安装状态、进度计划等信息；结合二维码与小程序，集约材料与施工数据，生成所需报表与资料文件；部署数据指挥舱、微信机器人，将可视化工程状态反馈至项目团队，提供决策参考。

（5）以国家标准、石化行业标准、地方标准库为基础，根据项目不同需求，定制个性化的汇总报表。同时，根据系统中的数据分析，建立逻辑算法，实现包括资料生成、检验批划分、资料组卷、文档管理等一系列功能，实现云端资料生成、报批、阅览一体化。

14.9.2 适用范围

适用于石油化工管廊、装置、厂房钢结构施工。

15　绿色建造

15.1　施工现场太阳能空气能资源利用技术

太阳能是指太阳的热辐射能，是一种可再生能源，可用作发电或为热水器提供能源。施工现场太阳能空气能资源利用技术是指运用热泵工作原理，吸收空气中的低能热量，经过中间介质的热交换，通过管道循环系统对水加热的技术。

15.1.1　技术要点

（1）太阳能利用方式共有三种：

1）太阳能直接转变成热能，即光热转换，如太阳能热水器等；

2）太阳能直接转变成电能，即光电转换，如太阳能电池等；

3）太阳能直接转变成化学能，即光化学转换，如太阳能发动机等。

（2）空气能热水器是采用制冷原理从空气中吸收热量来加热水的"热量搬运"装置，将一种沸点约为 −10℃ 的制冷剂通到交换机中，制冷剂通过蒸发由液态变成气态从空气中吸收热量，再经过压缩机加压做功，制冷剂的温度骤升至 80 ~ 120℃，具有高效节能的特点。

15.1.2　适用范围

适用于施工现场办公、生活区照明、热水供应及供暖等。

15.2　智能化施工现场自动喷淋降尘养护技术

智能化施工现场自动喷淋降尘养护技术是指应用智能化自动喷淋系统自动对施工场地定时定点喷淋降尘并进行混凝土养护的技术，通过安装在塔式起重机等装置上的喷淋头对混凝土结构进行养护，系统数据库对养护数据进行存储。该技术既满足环境保护对降尘的要求，又可为混凝土养护质量控制提供可追溯记录。

15.2.1　技术要点

（1）由逻辑器件 PLC、触摸屏、DTU、PC 机组成的模块化控制系统。

（2）应用 4G/5G 网络传输喷淋数据，解决远程监控问题。

（3）使用 SQL 数据库记录喷淋养护数据。

（4）保证混凝土养护质量，控制施工现场扬尘，PM$_{2.5}$ 符合要求。

（5）采用自动化系统控制，节约社会资源和施工成本。

15.2.2 适用范围

适用于施工项目现场扬尘的控制及混凝土养护作业。

15.3 智能配电箱安全用电技术

智能配电箱是基于物联网与数字断路技术的智能配电系统，它可集成供配电监控与管理、网络接入与监控、机箱环境监控、远程控制等功能，相对于传统的配电箱，具有更高的集成度、更智能、更易维护等特点。

15.3.1 技术要点

智能配电箱是对各类配电设备，通过增设各类传感器、智能电气仪表等，实现用电参数的实时采集、动态环境数据的实时监测，并通过物联网将实时数据传送到管理平台上，实现 24h 在线安全监控、智能运营和能源效率管理等功能，具有安全、智慧、节能等优点。

（1）智能配电箱显示屏直接操控，或通过手机 App 实时管理并监控各种用电线路，使用便捷。

（2）具备多重用电安全保护，时刻保护用电安全，并具备实时采集电气数据的功能，统计精度误差仅为 0.05%，帮助用户实现节能增效。一旦出现用电安全隐患，智能配电箱可及时发出预警提醒，超过提醒次数后智能断路，保障电路安全。

（3）通过给每个配电箱分配一个二维码，将二维码与配电箱图号和设备清单、设备说明书绑定。通过手机 App 扫码后即可获取配电箱详细信息，完成配电箱出厂信息的数字化。同时，将二维码与配电箱内的保护装置、监测装置绑定，通过智能网关采集设备运行数据并上传至平台，实现 App 扫码即可随时查看配电箱运行状态、历史曲线、故障记录，实现智能化运维。

（4）实时监测配电箱内开关状态、运行状态、电气连接点温度、各配电回路电力参数，亦可接入视频、水浸、烟感、温湿度、门磁等其他非电量传感器。

（5）当发生开关跳闸、过压、欠压、过流等事件时，系统将报警信息通过短信、App、小程序、电话等方式推送，用户可随时接收报警信息。

（6）对配电箱进出线回路及重要设备进行远程遥控操作。配合"五防系统"发送的闭锁、解锁信号，实现开关遥控操作的禁止或许可，确保系统操作的安全性。

15.3.2　适用范围

适用于各类化工建设项目配电箱的安装工程。

15.4　非传统水资源循环利用技术

非传统水资源是指不同于传统地表供水和地下供水的水资源，包括再生水、雨水、海水、施工废弃水等。非传统水资源循环利用技术是指非传统水资源经过净化处理后存储，在回收池内安装变频水泵，输送到适用地点作为施工和生活用水的技术。

15.4.1　技术要点

（1）设置非传统水资源收集系统→收集到集水坑→净化后的水资源引至回收池→通过水泵将回收水利用。

（2）在大型施工现场，优先采用中水搅拌、中水养护；尤其是在雨量充沛地区的大型施工现场建立雨水收集利用系统，充分收集自然降水用于施工和生活中适宜的部位。

（3）处于基坑降水阶段的工地，宜优先采用地下水作为养护用水、冲洗用水等。

（4）现场机具、设备、车辆冲洗，以及现场降尘、绿化浇灌等用水，优先采用非传统水资源，尽量不使用市政自来水。

（5）在采取特殊措施后，利用海水进行大型储罐水压试验。

（6）在非传统水资源和现场循环再利用水的使用过程中，应制定有效的水质监测与卫生保障措施，避免对人体健康、工程质量及周围环境产生不良影响。

15.4.2　适用范围

适用于工业与民用建筑、市政工程等非传统水资源循环再利用作业。

15.5　施工建筑垃圾减量化与资源化利用技术

施工建筑垃圾减量化与资源化利用技术是指施工过程中采用绿色施工新技术、精细化施工和标准化管理等措施，减少施工废料产生、建筑垃圾排放；垃圾就近处置、废料回收利用或处理后再利用的技术。

15.5.1　技术要点

（1）对钢筋采用优化下料技术，提高钢筋利用率；对钢筋余料采用再利用技术，如用于加工拉钩、预埋件、马凳等。

（2）对混凝土余料做好回收利用，用于制作小过梁、混凝土砖、混凝土垫块等；对碎石类、土石方类建筑垃圾，可用于地基填埋、铺路等，提高再利用率。

（3）利用二次结构对加气块进行排块设计、机械切割，减少工地加气混凝土砌块的废料。

（4）加强管道、储罐施工下料的精准化管理，优化方案，减少施工废料管材、板材等钢材的产生；对产生的废钢管、废钢材等短料废料，可用于制作安全设施、制作工具用具，如封堵盖板、垫板等。

（5）实施建筑垃圾分类收集、分类堆放、再利用。

（6）优化模板使用方案，减少使用量和人为浪费。

（7）技术指标：

1）回收利用率 ≥ 30%；资源化综合利用率 ≥ 50%；

2）现场工程废料利用率 ≥ 70%；

3）有毒有害废弃物分类收集处置率 100%。

15.5.2 适用范围

适用于工程项目现场废料、建筑垃圾减量与资源化利用。

15.6 施工现场消防给水系统永临结合技术

施工现场消防给水系统永临结合技术是指为了保证现场施工生产及临时消防用水正常运行，可在结构施工的同时，将正式消防立管随主体结构同时安装，作为施工生产及临时消防用水管使用的技术，具有节材、环保等优点。

15.6.1 技术要点

（1）施工现场设置一个消防水池并配套消防泵组；中间层分别设置消防增压泵及消防水箱。

（2）室外临时消防及生产用水环网设置临时消防给水管道。

（3）楼层及地下室由部分正式消防立管做临时消防及施工生产用水供水。

（4）利用正式消防立管作为施工生产及临时消防用水管，既环保，又可大幅节约临时用水及管料，并减少安装工作量。

（5）技术指标：

满足现行国家标准《建设工程施工现场消防安全技术规范》GB 50720 的技术指标要求。

15.6.2　适用范围

适用于高层建筑、多层厂房及结构框架消防设施要求较高的场所。

15.7　施工道路永临结合技术

施工道路永临结合技术是指项目提前优化设计，将施工临时道路按照正式道路的规划和标准分层分批修筑，以节省后期修筑正式道路的工期与物资消耗的技术。

15.7.1　技术要点

（1）项目策划前期，根据正式道路设计图纸规划施工临时道路，分析永久道路距离建筑物的距离；分析道路宽度是否满足永临结合的设计要求。对永久道路施工工艺优化后提前施工，作为工程施工期间场区内施工主干道使用。

（2）根据运输安排，与设计单位沟通适当调整永久道路的做法，以保证永久道路作为临时施工道路而不被破坏。通常做法包括改用高抗折混凝土、改用高强度混凝土、增加钢筋混凝土基层配筋等。

（3）永临结合道路在施工部署时，应在生活区及桩基施工期间组织施工，以利于尽早投入使用。

（4）永临结合的道路施工前，位于道路下或穿越道路的给水排水、电气、电信等管道应施工完毕或预埋套管。

（5）注意道路保护工作，正式道路最后一层不要施工，必要时铺装钢板。

15.7.2　适用范围

适用于石油化工项目主干道及部分临时道路的施工。

15.8　临时设施工具式定型化技术

工具式定型化临时设施包括：标准化箱式房、定型化临边洞口防护、加工棚、构件化PVC绿色围墙、工具式垂直楼梯、装配式混凝土路面板等。工具式定型化临时设施具有组装拆除方便、周转运输便利、使用安全、外形美观等特点。

15.8.1　技术要点

（1）标准化箱式施工现场用房包括办公室用房、会议室、接待室、资料室、活动室、阅读室、卫生间。标准化箱式附属用房包括食堂、门卫房、设备房、试验用房，均按照标准尺寸和符合要求的材质制作及使用。

（2）定型化临边洞口防护、加工棚，定型化可周转的基坑、楼层临边防护、水平洞口防护，可选用网片式、格栅式或组装式。

（3）构件化 PVC 绿色围墙的支架可采用轻型薄壁钢型材，墙体采用工厂化生产的 PVC 扣板。

（4）工具式垂直楼梯的立杆可采用定型钢管，通过法兰连接；楼梯和平台横杆采用槽钢；楼梯踏板、平台板采用花纹钢板。

（5）装配式混凝土路面板可采用预制混凝土道路板、装配式钢板、新型材料等。

（6）技术指标：

1）工具式定型化临时设施应工具化、定型化、标准化，具有防火等级高、装拆方便、可重复利用和安全可靠的性能；

2）防护栏杆体系、防护棚经检测防护有效，符合设计安全要求；

3）预制混凝土路面地基弹性模量 ≥ 40MPa，承受载重 ≤ 40t；其他材质的装配式临时道路的承载力应符合设计要求。

15.8.2　适用范围

适用于工业与民用建筑、市政工程等临时设施设置。

15.9　预拌砂浆技术

预拌砂浆是指由专业生产厂家精准配合比，环保化、机械化集中生产，用于建设过程中的各类砂浆拌合物。根据砂浆的生产方式，预拌砂浆分为湿拌砂浆和干混砂浆两大类。

15.9.1　技术要点

（1）湿拌砂浆是指由水泥、细骨料、矿物掺合料、外加剂和水，以及根据性能确定的其他组分，按一定比例在搅拌站经计量、拌制后运至使用地点，并在规定时间内使用完毕的拌合物。

（2）干混砂浆是指水泥、干燥骨料或粉料、添加剂，以及根据性能确定的其他组分，按一定比例在专业生产厂经计量、混合而成的混合物，在使用地点按规定比例加水或配套组分拌合使用。干混砂浆又分为普通干混砂浆和特种干混砂浆。

1）普通干混砂浆中预拌砌筑砂浆适用于各种房屋建筑的砌筑工程；预拌抹灰砂浆适用于各种房屋建筑的抹灰工程；预拌地面砂浆适用于建筑地面及屋面找平层；预拌防水砂浆适用于要求抹灰层具备抗渗、防水、防潮功能的外墙、地面、厨卫、水池、地下室等建筑部位。

2）特种干混砂浆包括瓷砖粘贴砂浆、耐磨地坪砂浆、自流平砂浆、界面处理砂浆、灌浆砂浆、外保温粘结砂浆和抹面砂浆、聚苯颗粒保温砂浆、无机集料保温砂浆和耐酸碱砂浆等。

（3）技术指标：

1）满足现行国家标准《预拌砂浆》GB/T 25181 的要求。

2）符合现行行业标准《预拌砂浆应用技术规程》JGJ/T 223 的要求。

15.9.2　适用范围

适用于工业与民用建筑、市政工程等预拌砂浆作业。

15.10　集中除锈防腐技术

集中除锈防腐技术是指现场实施集中、封闭式除锈防腐施工作业，并采取降噪、粉尘回收、烟尘集中处理、可挥发性有机物（VOCs）去除系统等措施，有效保护环境及作业人员身心健康的绿色施工技术。

15.10.1　技术要点

（1）现场涂装作业场所地面应当采取混凝土硬化、周围设置围堰及收集池等有效措施，防止有毒有害物质渗漏、流失、扬散，避免土壤受到污染。

（2）施工现场设置除锈防腐处理车间、防护棚等封闭式作业场所。

（3）作业区域设置必要的隔声降噪设施。

（4）集中作业环境设置粉尘收集系统，如打磨吸尘机、粉尘收集器、磨床收集机等。

（5）密闭作业环境设置烟尘净化装置（设备），如室内自循环式烟尘净化器等。

（6）作业人员做好防尘、降噪、防有毒有害气体等劳动保护措施，如使用防毒防尘面罩、口罩、耳塞、护目镜等劳保用品。

（7）作业区域实施封闭式管理。

15.10.2　适用范围

适用于工业与民用建筑、市政工程等除锈防腐作业。